地域规划理论与实践丛书

泉 城 色 彩
——塑造赏心悦目的城市

王新文 等著

中国建筑工业出版社

图书在版编目（CIP）数据

泉城色彩——塑造赏心悦目的城市/王新文等著.
北京：中国建筑工业出版社，2013.9
（地域规划理论与实践丛书）
ISBN 978-7-112-15684-9

Ⅰ.①泉… Ⅱ.①王… Ⅲ.①城市规划-建筑色彩-研究-济南市 Ⅳ.①TU984.252.1

中国版本图书馆CIP数据核字（2013）第181309号

责任编辑：李　鸽
责任校对：王雪竹　赵　颖

地域规划理论与实践丛书
泉 城 色 彩
——塑造赏心悦目的城市
王新文　等著

*

中国建筑工业出版社出版、发行(北京西郊百万庄)
各地新华书店、建筑书店经销
北京嘉泰利德公司制版
北京方嘉彩色印刷有限责任公司印刷

*

开本：787×1092毫米　1/16　印张：12$\frac{3}{4}$　字数：293千字
2014年12月第一版　　2014年12月第一次印刷
定价：88.00元
ISBN 978-7-112-15684-9
　　　（24291）

版权所有　翻印必究
如有印装质量问题，可寄本社退换
（邮政编码　100037）

地域规划
理论与实践 丛书

吴良镛 署

审时度势
因势利导
随机制定
主旨
造

袁良骥 题于刘罗鼎
二〇〇三年三月二十二

"地域规划理论与实践丛书"编委会

主编： 王新文

编委： 姜连忠　吕　杰　牛长春　崔延涛　赵　奕　刘晓虹　冯桂珍
　　　　国　芳　赵　虎　朱昕虹　陈　楠　张婷婷　张中堃　王洪梅
　　　　袁兆华　尉　群　杨继霞　马交国　秦　杨　张　蕾　吕东旭
　　　　刘　巍　宋先松　徐　武　曲玉萍　娄淑娟　吕晓田

跋 涉
（代序）

"让人们有尊严地活着"，"诗意地栖居在大地上"，这是规划人的梦想。为了圆梦，规划人跋涉在追求梦想的山路上……

城市让生活更美好。亚里士多德曾说："人们为了生活来到城市，为了生活得更好留在城市。"三十多年前，国人梦想着自己能生活在城市。今天，超过一半的国人生活在城市中。沧海桑田、世事变迁，这是一个"创造城市、书写历史"的伟大时代。

作为一名规划人，期望能在这历史洪流中腾起一朵思辨与行动的浪花，为这个时代和唱。十年弹指一挥间，我们在理想与现实、道德与责任、理论与实践、历史与未来之间，不断思考规划的价值与理想，不断探索规划的真理和规律，不断追求理论与实践的统一。"跋涉"，或许最真切地表达了共同经历着这场变革的规划人的心路历程。

"漫漫三千里，迢迢远行客。"跋涉虽艰，我们却心怀梦想。

理想与现实

有人慨叹，规划人都是理想主义者。诚然，现代城市规划自诞生之日起，就有与生俱来的理想主义基因。霍华德的"田园城市"、欧文的"协和村"、傅里叶的"法郎吉"，都受到其时空想社会主义等改革思潮的影响，充满了"乌托邦"式的理想主义色彩。霍华德说，"将此提升到至今为止所梦寐以求的、更崇高的理想境界"，道破一代又一代规划人的纯真和烂漫、理想与追求。

其实，规划人远不是空有理想和抱负那么简单。如吴良镛先生在《人居环境科学导论》中所说，规划乃"理想主义与现实主义相结合"，规划者应成为沟通理想与现实的桥梁，不仅可以勾勒出理想的山水城之愿景，更要学会寻觅实现蓝图之途径。这注定不是一条坦途，但我们必须清醒回答的首要问题是：为谁规划？如何规划？

要"为民规划"。坚持"唯民、唯真、唯实"的价值取向，倡导"科学、人文、依法"的核心理念，践行"公开、公平、公正"的基本原则……在跋涉中我们感悟：规划人要有自己的价值观和行为准则，解决好"为谁规划"的问题，既是价值取向，也是现实智慧，它能使规划者最终远离碌碌平庸的工匠角色，成为有良知与正义的社会利益沟通者和平衡者。

要"务实规划"。以实践为标准,再好的规划不能实施都是"空中楼阁",一切从实际出发,既要努力提升规划的科学性,也要致力于增强规划的实施性。规划人应抱有科学务实的现实态度,懂得分辨哪些是要始终追寻的理想,哪些是必须正视的现实。只有规划能落到地上,规划工作才具备为公众谋取更大利益和话语权的现实意义。

道德与责任

有人戏言,规划是"向权力讲述真理"。的确,在一个方方面面都对规划给予厚望的时代,规划者似乎背负了太多的抱负和责任。伴随这种抱负和责任而来的还有多元化的利益的诉求,规划人小心翼翼地踟蹰在利益的平衡木上,这种格局时刻考问着我们的品性和道德。什么该做、什么不该做、该如何做?回答好这样的问题实属不易,解决好这样的问题更是难上加难,既需要坚守道德与责任,也需要胸纳智慧与勇气。

规划人要有底线思维。不能触碰的是刚性,要敢于向压力说"不",在规划的"大是大非"上如不能坚持原则,最后损害的是公共利益、城市整体利益、社会长远利益。

在跋涉的历程中,难免会遇到各种各样的困难与挫折。没有韧性与执着,自然无法邂逅"柳暗花明"后的豁然。政治、经济、社会、生态等外部环境在不断变化,诸多的问题和矛盾需要解决,不能指望毕其功于一役,规划人须具有"上下而求索"的品质和操守,"功成不必在我"的胸襟和气度。

规划人要有理性思维。理性地看待规划,理性地看待自己和自己所处的环境,不唯书、不唯上、只唯实,对民众、对法律、对城市心存敬畏,有所为有所不为。既要不遗余力地维护公共利益,也要尊重个体合理诉求,同时更不能被个别利益群体所"绑架"。

规划人要有责任担当。责任与道德相伴而生,是一种职责、一种使命、一种义务,规划人与不同岗位、不同群体的人一样肩负着对社会的责任,这种对市民与城市的承诺决定了必须砥砺前行、攻坚克难。在通往规划人的"理想之城"这条曲折与荆棘之路上义无反顾、奋力向前。

理论与实践

或许有人质疑,规划不过是"墙上挂挂"的"一纸空谈",对规划人也存"重思辨而轻实施"的成见。但今天的现代城市规划工作,早已渐远了"镜里看花"式的理论倾向,摆脱了闪烁着"阶段性智慧创作火花"的艺术家情结。因为,许多看似经典甚至完美的学说不一定能得到现实利益群体的共鸣，也不一定能解决城市发展中的"疑难杂症"。"学院派"的范儿，只会曲高和寡，而在具体事务上又步履维艰。

规划是一门实践性的综合科学。从规划实施理论到行动规划理论，从规划政治性理论到沟通规划理论，从全球城市体系理论到可持续发展视角下的精明增长、新城市主义、紧凑城市理论，无一不是在城市发展进程中反思、实践，再反思、再实践的知行统一，这一辩证的认识与实践过程循环往复，生生不息。

"真正影响城市规划的是最深刻的政治和经济的变革"。不同的社会制度和政治背景、经济模式、发展阶段以及文化差异，必然造成规划工作范畴、地位和职责上的差异，规划需要鼓励地域性的理论实践与创新，不能墨守成规，也不能"照猫画虎"。对于规划而言，"管用"是硬道理，理论的普适性只有和城市地域化的个性和实践相互校验才有意义。

这个时代是变迁的时代、转型的时代、碰撞的时代。在这样的时代，需要把握规律的理论指导责任，需要远见的规划实践。必须认知前沿理论，把握发展方向，把问题导向作为一切规划探索和创新的出发点。为此，结合对一个世纪以来规划理论发展脉络梳理和济南规划实践的探索，我们尝试提出了"复合规划"的理念构想。所有这些并不是奢望在理论探索上标新立异，而是希望以此寻求源自实践的规划理论，并更好地应用于规划实践，藉此解决发展的现实矛盾和问题。

历史与未来

有人怀念，说"城市是靠记忆而存在"。是的，"今天的城市是从昨天过来的，明天的城市是我们的未来"，城市本身就是一个生命体，它不断新陈代谢，不断吐故纳新，不断结构调整，不断空间优化，自身得以保持旺盛持久的生命力。从原始聚落到村镇、从初始城市到多功能复合城市、从独立的城市到复杂的城市群，螺旋上升的过程中城市发展的规律与脉络清晰可循。规划是历史和未来的接力，既不能违背客观规律，也不能超越特定阶段，否则必将劳民伤财，自酿苦果，给城市发展造成不可逆转的损失。

翻阅中国当代城市史，我们也曾机械地沿用苏联模式，但面对市场经济的冲击，却发现"同心圆"、"摊大饼"式的空间扩张模式是如此一厢情愿和不堪重负。当尼格尔·泰勒、简·雅各布斯的著作为我们开启了一扇了解西方规划理论的窗口，中国规划师和规划管理者学习借鉴的目标不再拘囿于社会体制的限制，转向西方探求"洋为中用"的扬弃之道。实践之后，我们更加强烈意识到任何规划理论都要立足国情和地域，这也许意味着中国的城市规划已经开始走向理性与成熟。

  这些年，规划从见物不见人到以人为本，从机械单一到综合复杂，从一元主导到多元融合，从关注"计划"的落实和空间布局艺术到关注全面协调可持续发展，我们切身体会到了什么是"人的城市"。山水城市、广义建筑学、人居环境科学等理论先后出现，意义重大、影响深远，具备了发展具有中国特色、地域特征、时代特点的本土规划理论的基础和条件。在此借用吴良镛先生的箴言，"通古今之变，识事理之常，谋创新之道"以共勉。未来的规划工作应立足地域市情，结合城市发展的阶段性特征，把握规律、顺势而为，潜心思考新形势下规划的地位、作用和功能，把重心放在引领发展、解决问题、化解矛盾、增进和谐上，积极探索具有时代特色、地域特色的规划实践之道。

  "衣带渐宽终不悔，为伊消得人憔悴。"规划探索永无止境。愿我们十年来的所为、所思、所悟，能够为大家提供一点借鉴。

作者于济南
2013 年 12 月 1 日

前　言

城市色彩与城市历史一样悠久。为加强城市色彩规划与管理，在学习借鉴国内外城市色彩规划和深入发掘济南特色的基础上，济南市于2009年编制了《中心城色彩规划研究》，同期《西客站片区色彩专项规划》、《滨河新区色彩设计》等规划也陆续完成。对上述规划成果加以提炼升华，无疑对塑造"赏心悦目"的城市具有积极的现实意义。

本书对色彩地理学，色彩规划的概念、内涵、发展历程及规划实践进行解读，理清了城市色彩规划的发展脉络。根据色彩规划的特点，提出城市色彩规划的方法、目标与策略，归纳了色彩规划的方法、层次及流程，从自然环境色彩、人工环境色彩、人文历史色彩、城市特色色彩以及色彩愿景五个层面对城市色彩进行了系统分析。在此基础上，推导出济南城市色彩总谱，确定了"湖光山色，淡妆浓彩"的城市色彩主旋律，进而建立城市色彩形象，并由此提出城市色彩的总体规划方案。本书还叙述了济南重点区域间的色彩关系及整体色彩效果，详细介绍了"四区两带"——古城区、商埠区、西部新城、东部新城、滨河带及邻山带的色彩分区规划，并介绍了将军庙片区、西客站片区、文博片区以及滨河新区等重要城市节点色彩设计案例。

城市色彩具有鲜明的地域特征，没有"放之四海皆准"的色彩谱系。本书的可贵之处在于：以地域实践为例，归纳形成了一套较为系统的规划思路和模式。提出以"以人为本"为理性方法、以"赏心悦目"为感性目标，倡导感性与理性结合的工作方法。提出色彩规划"千层饼"分析模式，归纳出影响城市色彩的自然环境、人工环境、人文历史、城市特色和色彩愿景"五要素"。强调城市色彩主旋律"关键词"的地域特性和统领作用。期待在此引导下实现各层面色彩规划的协同与和谐，为城市色彩营造提供宏观依据。

色彩规划仍是一项刚起步的工作。如何优化编制技术思路和编制模式，如何促进规划的落实，还需要在实践中不断探索。作为目前国内为数不多的城市色彩规划专著，希望本书能对业内及相关人士有所裨益。

目　录

前　言

第一章　城市色彩规划解读

第一节　色彩地理学与城市色彩 …………………………………………… 002

第二节　城市色彩规划的概念与内涵 ……………………………………… 010

第三节　城市色彩规划的发展历程与实践 ………………………………… 015

第二章　济南城市色彩规划思路探索

第一节　济南城市色彩规划理念解析 ……………………………………… 026

第二节　济南城市色彩规划五要素 ………………………………………… 029

第三节　济南城市色彩规划方法、规划层次及流程 ……………………… 033

第三章　济南城市色彩分析

第一节　自然环境色彩分析 ………………………………………………… 038

第二节　人工环境色彩分析 ………………………………………………… 044

第三节　人文历史色彩分析 ………………………………………………… 059

第四节　城市特色色彩分析 ………………………………………………… 064

第五节　色彩愿景分析 ……………………………………………………… 073

第四章　济南城市色彩形象的建立

第一节　济南城市色彩总谱的推导 ………………………………………… 082

第二节　城市色彩主旋律的谱写 ………………………………… 086

　　第三节　城市色彩总体规划方案 ………………………………… 091

第五章　济南城市色彩分区规划

　　第一节　古城区——青砖黛瓦 …………………………………… 108

　　第二节　商埠区——暖墙褐瓦 …………………………………… 114

　　第三节　西部新城——深暖淡彩 ………………………………… 119

　　第四节　东部新城——浅明重彩 ………………………………… 124

　　第五节　滨河带——明雅淡彩 …………………………………… 129

　　第六节　邻山带——暖褐红瓦 …………………………………… 134

第六章　城市节点色彩设计案例

　　第一节　将军庙片区色彩设计案例 ……………………………… 142

　　第二节　西客站区域色彩设计案例 ……………………………… 151

　　第三节　文博片区区域色彩设计案例 …………………………… 172

　　第四节　滨河新区色彩设计案例 ………………………………… 181

图片来源 …………………………………………………………………… 186

参考文献 …………………………………………………………………… 187

后记 ………………………………………………………………………… 189

第一章　城市色彩规划解读

色彩，是我们在生活中接触最频繁的对象之一。"色"和"彩"的字义有许多种，其中"色"指"由物体发射或反射的光通过视觉而产生的印象"，"彩"指"各种颜色"。城市色彩，顾名思义就是城市中各种色彩现象的统称，显然城市的色彩就是各种纷繁芜杂色彩现象的集合。科学技术的发展使人们认识到色彩的本质，对色彩本质的认识使人们对色彩有了深入的了解，从而形成完整的色彩学。而色彩学的完善又促进了相关领域理论的发展。在城市建设的实践中，色彩地理学的诞生使城市色彩有了合理的理论解释。我国自古以来就注重色彩对哲学思想的反映以及其背后代表的等级意义。

本章试图从色彩地理学、色彩规划的概念与内涵以及城市色彩规划的发展历程与实践这些角度来解读城市色彩规划，理清城市色彩规划的发展脉络。

第一节 色彩地理学与城市色彩

一、色彩地理学——色彩理论的发展

色彩学是研究与人的视觉发生色彩关系的自然现象的一门学科,其运用在日常生活中无处不在。狭义上的色彩学研究主张运用科学方法探讨色彩产生、接受及应用的规律。它以光学为基础,并涉及物理学、心理学与艺术理论等学科[1]。色彩学是城市色彩规划理论的源头,是城市色彩规划的基础理论。

色彩地理学是一门介于自然科学和社会科学之间的,既有前瞻性又有现实性的跨界学科。它是人类首次从色彩学角度提出保护色彩自然和人文环境的理论,它的产生具有其时代背景。20世纪60年代,西方地理学学术界正值重大突破的时期,这种突破不表现在地理学研究目的方面的变化,其成就却表现在学科群的参与以及科学技术与研究方法方面,以至于产生了"新地理学"[2]的概念。20世纪中后期也是欧洲科技及艺术蓬勃发展的时期,色彩的理论伴随着对科技进步的反思与保护传统文化的各种思潮争相涌现出来。一些学者在色彩保护和修复方面作出了重要贡献。乔万尼·布里诺在都灵建立城市修复学院,率先开始了色彩规划和历史街区色彩修复方法的研究和实践。让·菲力普·朗科罗发展了源于都灵早期试验的思想,通过设计特定地方色彩的方案来保存和延续地方感。相对布里诺严格意义上的色彩保护和修复工作,朗科罗则在传统色彩与现代城市色彩之间搭起了桥梁[3]。

色彩地理学是朗科罗的一个创举,他倾注了毕生的精力,研究不同地理位置以及文化的差异和城市色彩之间的关系。朗科罗以地理学为基础,纵观不同地理位置上奇特的色彩现象,发现不同的地理环境直接影响了人类、人种、习俗、文化等方面的形成和发展。这些因素导致了不同的色彩表现。因为不同的地理必然造成特定形态的地域环境,不同的地理环境就会形成不同的气候,从而影响不同的人种与习俗,乃至形成不同的文化传统。在特定的地域、气候、人种、习俗、文化等因素的交汇点上,考察色彩呈象,就不难发现色彩由于生态环境和文化氛围而产生不同的组合方式。在这个人与自然、人与历史共造的环境之中,人们对造物形式的认定和择取有其独特方式。它是自然物质的供给和传统文化习惯化合作用的结果,从而形成

---

[1] 郭红雨,蔡云楠.城市色彩的规划策略与途径.北京:中国建筑工业出版社,2010.
[2] 现代地理学的目的不仅在于对地球表面特征进行描述,认识其分布格局,还必须分析各要素的位置,确定各要素之间的联系,考察产生和改变这种联系的过程。地理学的研究也因此而发展为三大分支,即区域地理学、人文地理学和自然地理学。
[3] 荀爱萍.从色彩到空间——街道色彩规划.南京:东南大学出版社,2010.

了此地而非彼地的"特产"。尽管现代文明使这种外在"特产"的特征大大淡化了，但是，那种潜在而根深的传统精神却是难以割断的。①

色彩地理学主要是研究每一地域中民居的色彩表现方式与景观结合的视觉效果，考察这些区域人们的色彩审美心理及其变化规律。将研究对象所处的地域、地区、地理特征、国家所在地、民族分布及习俗情况、都市或城镇的行政性质、历史与文化概况等进行比较，确认其"景观色彩特质"。所谓"景观色彩特质"就是指构成景观形象与地理、色彩相关的一系列要素，诸如地貌特征、土壤的色彩、植物、用当地材料制成的建材与建筑风格、体现在民俗上的特殊的装饰等。特定的地理环境拥有特定的色彩形象要素，决定着特定的空间。建筑和建筑群显然是这个特定空间中的主体，而这些建筑的形制、材料以及筑造方式，都是同这个地域的自然、人文的环境紧密相连的。那些被用作建材的材料，大多是来自本地区的自然材料，因此就同当地的环境色彩有着千丝万缕的联系，那种非人工化的天然具有的和谐，具有难以形容的色彩之美的魅力；其次，那些被用于建筑装饰的色彩及其装饰方式和对美的认识，也都源于这个地域所特有的传统文化，随着历史的演化而长期形成了独特的审美系统。这些都是直接作用于景观色彩方面的重要因素。②

因此，色彩地理学的理论可以归结为一个地区或城市的建筑色彩会因为其在地球上所处地理位置的不同而大相径庭，这既包括了自然地理条件的因素，也包括了不同种类文化所造成的影响。即自然地理和人文历史两方面因素共同决定了一个地区或城市的建筑色彩，而独特的地方或城市色彩又反过来成为地区或城市地方文化的重要组成部分。朗科罗的色彩理论得到了学术界的广泛认同，对世界各地的色彩研究工作具有深远的影响。

二、建筑色彩——城市色彩的主体

城市色彩是一个广泛、综合的概念，包括建筑、道路、标牌、广告、服饰、绿地、河流等城市人文景观和自然景观的色彩。建筑学上的城市色彩仅指城市内建筑物、构筑物的色彩。建筑无疑是城市色彩的主体，城市的色彩形象主要通过建筑本身的色彩表现出来。特别是城市当中一些大型的公共建筑、富有代表性的社区住宅建筑，其自身色彩是否具有地方特色，并且与之协调一致，直接影响了整个的城市形象。因此，建筑是城市色彩最重要的载体，建筑色彩成为影响城市色彩的决定性因素。建筑师对建筑色彩有选择权，建筑师会根据自己的设计意图对建筑色彩进行设计。这种个体的建筑色彩设计主要受以下几个方面的影响：

---

① 宋建明．色彩设计在法国．上海：上海人民美术出版社，1998．
② 宋建明．色彩设计在法国．上海：上海人民美术出版社，1998．

（一）建筑美学

建筑美学的定义为："建筑美学是研究建筑及其环境美的本质及其规律，分析建筑相关要素之间的审美关系，以研究建筑审美经验为中心内容，并且探索建筑艺术实践方法的一门学科。"[①] 从建筑学的观点来看，建筑色彩的选择，不仅要充分利用色彩的色彩学特性使建筑色彩富有变化、各具特色，还应遵循建筑美学的原则，达到从个体的色彩美观到群体的色彩和谐的要求。按我国美学家的分类，建筑美学属于美学中的实用美学部分，与它并行的有文艺美学、社会美学、科技美学、装饰美学等。由于建筑学是一门技术性很强的学科，同时建筑又是技术与艺术的结晶，因此，无论审美观念、价值体系、艺术方法，还是评判标准，建筑美学与技术美学均有密不可分的关系。

形式美是指生活、自然中各种形式因素（色彩、线条、形体、声音等）的有规律的组合。建筑的形式美法则是传统建筑美学观念中的重要内容。人们认为，一个建筑给人们美或不美的感受，在人们心理上、情绪上产生某种反应，存在着某种规律。建筑形式美法则就表述了这种规律。建筑物是由各种构成要素如墙、门、窗、台基、屋顶等组成的。这些构成要素具有一定的形状、大小、色彩和质感，而形状（及其大小）又可抽象为点、线、面、体（及其度量），建筑形式美法则就表述了这些点、线、面、体以及色彩和质感的普遍组合规律。建筑形式美主要有对比与微差、比例与尺度、均衡与稳定、韵律与节奏、重复与再现、渗透与层次等法则。建筑色彩通过与建筑的结构、体量等结合，体现出建筑形式美法则。例如在建筑构图中可以通过不同色彩和不同质感来体现对比，或是通过重复或再现来增强整体的统一性。色彩是形式美的重要因素，也是美感最普及形式。从审美的意义上说，色彩的审美价值主要表现于特定的色彩组合和搭配之中。在色彩运用的实践中，人们不断摸索总结出一些色彩美感的形式法则，包括色彩的对称均衡、对比协调、节奏韵律和多样统一这样几个形式美法则。这些形式法则在色彩的设计中相互关联，为色彩在实践中的运用提供了客观的美学依据。建筑色彩的和谐是形式美和内容美的统一，最终达到精神美的境界。

（二）地理色彩影响下的审美习惯

色彩地理学认为建筑色彩受到建筑所在的自然地理环境和人文地理环境的影响。自然环境影响着建筑师对建筑形体及色彩的判断，同时当地居民的色彩偏爱倾向也会受到自然环境的影响。特定的地方材料和建筑形式适应当地的自然环境而逐渐产生，这种客观合理的存在影响着当地人们的眼光和审美意识，客观条件影响着主观认识，在历史前行的脚步中，又逐渐演变成当地的文化和传统，成为意识形态的一部分。使用地方性的建筑材料，采用传统

---

① 全国城市规划执业制度管理委员会．城市规划相关知识（试用版）．北京：中国计划出版社．

工艺是形成地方色彩的根本原因之一。如同建筑的造型和材料一样,色彩也是体现一个地区文化传统历史和地方文化的重要因素之一。

审美习惯是人们对某些审美对象自觉地进行欣赏的特殊倾向,它的形成主要受集体审美观念的影响。而色彩审美习惯的形成是受不同的自然环境、民族文化、宗教信仰及民俗习惯的影响,每个地区都有自己所偏好的地域色彩。从气候方面来说,由于地理纬度的差异,日照的时间和光量均不相同,直接影响了不同地域的用色习惯。建筑的色彩体现和适应了当地的审美习惯。例如居住在日照充分的区域的人大都偏好高彩度而鲜艳强烈的色彩,在室内却喜欢用冷色系的色彩形成色相对比的主导色,以达到色彩均衡的视觉效果。而在气候湿润,阳光不充足的地方,人们普遍喜爱彩度偏低、色相中性的混合色,其城市色彩则以黑白灰系列的明度对比来取得地域特色。建筑色彩受当地的地理色彩影响很大,这种影响也形成特定的色彩审美习惯,建筑色彩需要尊重这种审美习惯,同时这也是保护城市文化环境的重要手段之一。

(三) 建筑思潮的流行趋势

建筑色彩随着建筑思潮的改变而改变,从城市中可以发现每个时代建筑材料的色彩也有年代更迭的痕迹,各种流行趋势通过建筑的色彩直观地表现出来。例如国际式建筑鼎盛时期的建筑不是黑色就是白色,后现代主义使各种色彩又回到了建筑中来,20世纪末期国际建筑界出现了多元共存的状态,各种设计思想更为自由地对新世纪的建筑理念进行诠释,没有一统天下的建筑风格,色彩为众多建筑师使用,色彩在建筑中显得自然而轻松。[①] 如同服装的流行色一样,建筑色彩也有其随着建筑思潮变化流行的趋势,在这种趋势的影响下,城市色彩的主流也会随着建筑色彩的变化而变化。

三、阴阳五行和五色——中国传统城市色彩理论

中华文明源远流长,在历史的长河中,中国的先哲们既发展着自己的哲学体系,同时也接受外来思想的影响,形成了独特的中国传统色彩理论。阴阳五行学说是我国古代哲学思想的重要组成部分,具有朴素的唯物论和自发的辩证思想。

(一) 阴阳五行学说

五行之说据推断在周朝就已产生,后经战国人邹衍整理,但原作已无从考证,其历史哲学思想是通过其他人的引用和阐释流传下来的,其学说也得以列入诸子百家。完整的五行概念最早见于《尚书·洪范》,但只强调五行,不提阴阳。西汉司马谈开始将阴阳五行学说合称"阴

---

① 尹思谨. 城市色彩景观规划设计. 南京:东南大学出版社,2004.

阳家"。宋代理学家则把阴阳和五行完全融为一体了，认为五行是阴阳变和过程中产生的。

五行学说有两个观点，五行是构成世界的五种基本元素，世界万物都是由"金、木、水、火、土"五种基本元素构成的。选取这五种元素与当时的生产水平和认识水平有关。五行之间存在着相生相克的关系。相生就是相互促进、有利于发展；相克则是相互克制、维持平衡。五行生克理论巧妙严谨，表现了中国人注重整体关系和事物间普遍联系的思维方式。人们往往就此按照五行生克关系来解释其他事物。"美学中的重要概念，诸如刚柔、动静、虚实之类，正是阴阳观的引申，而色彩的构成及相互关系，则是由五行生克学说加以解说。"[①]

（二）五色

与五行中金、木、水、火、土对应的色彩是白、青、黑、赤、黄，与西方色彩理论中三原色的概念不同，将黑和白也作为基本色。"正色"与"间色"的等级之分始于西周。《尚书·正义》中提到："正，谓青、赤、黄、白、黑五色方正也。不正，谓五方间色也，绿、红、碧、紫、骝黄是也。"受儒家思想的影响，五色形成了有等级尊卑之分的序列——正色、间色、杂色。正色即五色，间色是两种正色混合形成的色相，杂色是指正色和间色之外的所有色彩。

邹衍的"五德终始"[②]学说使五色随着五行深入到国家的统治当中去。黄帝占土德，尚黄色；夏禹占木德，尚青色；商汤占金德，尚白色；周占火德，尚赤色。秦始皇自居水德，水色尚黑，所以秦朝崇尚黑色并把黄河改名为"德水"，以符合水克火的五德终始理论。秦朝将儒家规范后的五色系统纳入到国家制度体系当中，五色系统不断渗透到社会的各个层面。汉承秦制，汉武帝时对服装、车辆用色都有明确的规定。以后中国历代皆以五色系统为色彩规范，五色系统逐步影响到服饰、绘画、建筑等领域。中国主流的色彩观念，至秦汉时代，可以说"大局已定"，后代只是在传承中强化或淡化某一层面，并无多大的变化[③]。

中国传统建筑经历了数千年的演变与发展，已成为中华民族文化中不可分割的一部分，而在这一进程中建筑色彩亦发挥了不可或缺的作用。唐代以前，大型建筑色彩的基本色调是朱、白两色，对比强烈。唐代，朱、白两色还用在柱、墙之上，但柱、枋、斗栱上的彩画已由朱、红两色转向了青、绿两色，而且大量使用了退晕的技法，使色彩的表现更为和谐。宋、辽、金时期，在建筑色彩方面也取得了很大的发展，屋顶部分不再使用橙黄色的琉璃瓦，而是大量采用青绿色的琉璃瓦[④]。明清时期的建筑色彩已经发展到了一个相对比较成熟的阶段。建

[①] 姜澄清．中国色彩论．兰州：甘肃人民美术出版社，2008．
[②] 国运——木运、金运、火运、水运、土运，对应五德——木德、金德、火德、水德、土德，对应五色——青、白、赤、黑、黄。
[③] 姜澄清．中国色彩论．兰州：甘肃人民美术出版社，2008．
[④] 郭泳言．城市色彩环境规划设计．北京：中国建筑工业出版社，2007．

筑色彩最突出的表现是善用原色及大面积色块的对比和烘托，达到了一个色彩斑斓的阶段。[1]但民居所用色彩则以清丽淡雅为主，北方一般使用灰色的砖瓦、土坯和木材为建筑材料，所以色彩多以中性色为主。中国历代都存在着对色彩使用的各种规定，即不同等级的建筑使用色彩不同，致使城市中不同区域的色彩不同，无意中形成色彩分区，即宫殿区、官署区、贵族居住区使用彩色屋顶，而平民居住区只能使用灰色的瓦[2]。统治阶级与平民百姓的色彩泾渭分明。在等级制度的影响下，民宅的建筑色彩多以材料的本色为主，而官府宫殿随着等级的升高，建筑材料随之升级，装饰也更加丰富，色彩也更加鲜明，显示地位的与众不同。色彩从而成为为政治服务的工具。例如明代姚广孝主持规划的京城色彩格局极为单纯，以占据城市南北中轴线中央部位的紫禁城的"红墙黄瓦"为中心，以"青砖青瓦青石"构建的灰色四合院、胡同、市井以及护卫城市的城墙、箭楼等为衬托。为此，在京城整体色彩规划上营造出了一种"众星捧月"的特殊色彩效果[3]。这种基于五行五色哲学思想和封建等级制度的色彩使用可以反映出中国传统的城市色彩风貌。

四、城市色彩现象透视——带着理性的感性

城市色彩是20世纪后期才引起人们关注的，对于城市色彩有统一的认识也仅仅几十年的时间。对城市色彩理论的研究仍旧跟随时代不断前进，人们对城市色彩的理解还会随着理论的深入更加透彻。通过对以上城市色彩理论的分析整理，本书认为可以从传统与现代、客观与主观、宏观与微观三个角度来理解城市色彩——色彩这一人类的感性认识应该在城市中理性地存在。

（一）传统与现代

人类在长期的繁衍过程中由于地域的差异形成了形形色色的风俗和传统，这促成了城市色彩的地方性。不同地区、不同民族独特的历史文化与地理条件对建筑色彩产生了一定的影响。当我们深入细致地考察了解一个地方或国家的地方传统建筑时，必定会发现与其民族性文化密切相关的独特的色彩图谱。那么如何正确认识与处理城市色彩传统与现代的关系问题呢？这个问题可以归结为技术、文化的特殊性与普遍性的关系问题。传统的文化是具有特殊性和民族性的，现代的文化则是具有普遍性与世界性的。在现代城市的发展中，重视、研究及挖掘传统人文色彩，并将之在新技术和材料手段中合理地展现，是保护发展一个国家和民族地

---

[1] 张金，孙玉海. 中国传统建筑色彩的文化特性. 观点论文.
[2] 荀爱萍. 从色彩到空间——街道色彩规划. 南京：东南大学出版社, 2010.
[3] 崔唯. 城市环境色彩规划与设计. 北京：中国建筑工业出版社, 2006.

区文化的重要环节。

东方和西方对于色彩的认识走过了两条不同的道路。西方将色彩作为一种科学来对待，到了20世纪，随着光学技术的发展，彩电、霓虹灯的相继出现，使人们对色彩的理解更加深刻，城市色彩也更加绚丽。色彩体系的发展与生产力水平、科学技术的发展密切相关。在西方，理性的文化传统决定了审美要素的重要地位，代表城市色彩的建筑色彩体现着理性的思考。阴阳五行是中国传统色彩文化的起源，关注的焦点不是色彩本身，而是色彩所代表的意义、色彩所属的等级。色彩的内涵包括了从文化到宗教以及质朴的世界观，中国先哲们为色彩赋予了丰富的意义，同时也带有鲜明的等级制度烙印。中国的城市色彩是根据王权政治、宗教阶级的等级划分色彩，这种传统影响了许多历史悠久的中国古城的面貌。感性色彩的背后也是理性的轨迹。

在现代的城市中，我们已经渐渐看不到东西方城市的外表差异，而内在差异也正逐渐消失。因此在现代色彩观面前，我们需要深入挖掘自身的文化与精神内涵，才能保持民族特色，体现城市的独特性。在工业社会中城市丧失特色的现象严重，延续城市的文化和传统显得特别重要。因此，弘扬城市色彩传统文化中的优秀成分，可以提升城市的特色与魅力，既能够促进城市文化的发展，又能够保持城市风貌的独特。这就要求规划师在进行规划时应充分考虑地方文化与传统文化因素，需要有据可依，而非仅从个人的喜好出发，主观臆断地做出判断和选择。

（二）主观与客观

城市色彩是指城市公共空间中所有裸露物体外部被感知的色彩总和（城市地下设施及地面建筑内部装修与城市色彩无关；地面建筑物处于隐秘状态的立面，其色彩无法被感知，也不构成城市色彩）[①]。它是一个广泛、综合的概念，分为人工装饰色彩和自然色彩两类，包括建筑、道路、标牌、广告、服饰、绿地、河流等城市人文景观和自然景观的色彩。

我们知道城市色彩其实就是城市这个客观环境给人所造成的主观印象，触及人的活动空间，深刻影响着人的视觉感受。建筑色彩是城市色彩的主体，城市色彩又是城市整个空间环境的一个重要因素，它是客观存在的事物。建筑是人们生产、生活的主要场所，人们在第一眼看到建筑时便会感受到建筑的色彩，对心理产生重要影响，人们在自己的生活环境中也多用色彩来表达自己的主观感受。从另一个角度来说，自然地理和人文地理因素也可归纳为客观物质条件和主观因素。主观因素中包括文化因素，也包含人类的共性因素。因为色彩是人的主观感受，始终离不开"人"这个因素。

---

① 张惠东. 试论城市色彩规划设计的原则. 科技情报开发与经济，2006（3）：145-146.

在处理城市色彩问题时，需要辩证地看待主观与客观的关系。色彩不同于空间对人的心理影响，色彩的心理效应是色彩对人的心理状态的影响。人创造了城市的色彩，城市的色彩又反过来影响人们的心理感受。简单地说，就是好的城市色彩使人心旷神怡，反之则使人心情烦躁。根据这种体验人们又来修正城市色彩。因此这是一个实践、认识、再实践、再认识的过程，这种反复的过程使城市色彩最终达到一个和谐的状态。

城市色彩传递的信息受众是生活、工作在城市中的人群，因此城市色彩必须具有大众性。色彩的心理感知是一个极为复杂的问题，人眼对色彩的感觉、色彩所引起的对具体事物的联想，以及一些初步的抽象联想在一定程度上存在共性。人对色彩和谐的需要，是审美心理平衡的反应，同样受到时代、民族、国家、经济水平、文化教育等因素的制约。因此在进行色彩规划时，不仅仅要考虑色彩间的协调关系，还需要考虑色彩与环境、用途与人们心理的关系。片面的色彩显然不是成功的城市色彩，城市色彩需要统筹考虑主观与客观的关系，从理性的角度来实现感性的和谐统一。

(三) 宏观与微观

城市是一个多元素的集合体，因此色彩也是复杂多变的。谈到城市色彩人们脑海中浮现的可能是一条街道，一座建筑，抑或是一块广告招牌的色彩。城市色彩是由这些微观的色彩组成的一个集合，这个集合就是宏观的色彩。城市色彩显然是一个宏观的概念。

个体的色彩可能会为了自身的效果而影响局部环境，甚至更大范围的效果。一个建筑的色彩不和谐会使人们对周边的环境也产生厌恶，可能会影响到整条街道的视觉效果，甚至于对整个城市的印象也变得糟糕。宏观的城市色彩与微观的个体色彩相互联系、相互影响。宏观的城市色彩建立在微观的个体色彩之上，是微观色彩积累到一定程度的产物。如果要在城市宏观层面上把握色彩，就要忽略微观个体的差别。如果从微观的利益出发，那自然就会不断放大微观色彩的比重，从而会影响宏观色彩。微观和宏观是看待城市色彩的一个角度，微观色彩与宏观色彩相互制约影响着彼此发展，城市色彩规划必须全面分析问题。

在城市景观中，由于人工环境的组成因素极为复杂，人眼在短时间内接受的信息量巨大，因此要保持一个良好宜人的城市景观，建筑之间的协调关系非常重要。在这种情况下，建筑师应该具有良好的整体意识，而不是一味强调单体建筑在环境中的突出作用。从这个意义讲，调查、研究城市建筑色彩，并对之进行统一的规划、设计和管理，对于实现和保持一个良好的城市色彩景观是非常必要的。因此城市色彩不能仅仅是出于自身的感性考虑，还要有理性的宏观把握。城市色彩需要从宏观来考虑，辩证地解决色彩宏观与微观的矛盾。一个城市的整体环境正因为融合了气候、人文、历史、技术等诸多元素，才塑造了各具特色的城市色彩特征。因此合理的规划这些微观的元素，对于形成良好的宏观城市色彩以及城市环境是十分重要的。

第二节　城市色彩规划的概念与内涵

城市色彩是和人们密切相关的城市的一个方面，近年来，无论是政府层面还是市民层面对城市环境的重视程度都在逐年提高。城市色彩规划出现在城市视野中的频率越来越高，人们对此的关注度也越来越高。然而，应该看到城市色彩规划尚不够成熟，城市色彩规划还没有形成完整的理论体系和科学有效的方法，在理论上、实践上仍需不断改进。本节主要从城市色彩规划的概念、方法、内容、特点以及作用这五个方面来解读色彩规划的内涵。

一、城市色彩规划的概念

广义的城市色彩是城市中各种色彩现象的统称。狭义的城市色彩是指由城市建筑及其环境所呈现出的宏观城市形象的色彩。

城市色彩既包括自然环境和人文环境的色彩，又包括城市物质实体的色彩和城市的色彩观念，是一个多维度、多层次的色彩系统。这一色彩系统通常由地理环境色彩、城市形象色彩、城市生活色彩、城市建筑色彩、城市色彩观念等部分构成。

城市色彩规划，就是通过理性的色彩控制方式来优化城市色彩形象的城市规划活动。其目的是实现和谐而富有特色的高品质城市形象，特色、丰富、和谐以及充满活力的色彩环境是其追求的目标。

二、城市色彩规划的方法

从国外及国内的色彩规划方法来看，目前比较成功并且影响最大的是朗科罗"色彩地理学"支撑下的色彩规划实践方法，许多色彩规划与设计均是基于此发展而来。朗科罗的具体工作方法大致通过两个阶段完成。

（一）第一阶段

开展环境色彩现状调查。这一部分是色彩地理学的基础与核心内容，主要工作程序有以下六个部分：

1. 选址：选址是色彩地理学最基础的部分。朗科罗选择色彩实地调查往往从小城镇开始，然后再扩大到整个地区，甚至一个国家。选址的主要原则是从一个地域中的传统建筑开始，或者选择典型的、色彩特征差异比较大的、想象感很强的对象。然后进行选址的定位，确立要考察的对象，包括国家、城市、地区、街道等。

2. 调查：调查是以地图为基础，以街道色彩气氛、建筑形象为主要对象。即从色彩的角度出发，以街道的色彩氛围和建筑的色彩形象为主要对象，以便全面掌握整个环境中的色彩数据。

3. 测色：测色是测试颜色的色度，对景观色彩有意义的颜色都进行测试。取证是对所调查地区的各种材料：如墙壁、土壤、屋顶、房门等进行采样。同时，还要对该地区的自然环境进行取样。对于不能以实物取证的便用拍照和现场草图的形式来记录。全面地掌握环境中的色彩因素，以便对调查的对象建立起客观、正确的色彩数据。

4. 归纳：归纳是根据实际情况将所收集到的色彩资料进行整理，去掉杂乱的要素，挑选其中具有代表性的因素来归纳出具有环境色彩特质的色谱。

5. 编谱：编谱是对取得的色彩资料转化成色谱的形式，进行分析、归类。首先归纳出主色色谱，主要是根据建筑的主体色彩来编制主色色谱，如，外墙、屋顶、墙基的色彩。其次是归纳点缀色色谱，主要是根据和建筑主题色彩相配的其他色彩，如，门窗、护窗板、栏杆、框架等。最后是将以上两部分组合，以获得所研究目标环境概括性的色谱。

6. 小结：小结主要是总结出被调查地区的色彩调查结果，环境色彩的构成状况，以便更清楚地了解这一地区的色彩特征，为维护地区环境色彩提供事实的依据，为地区进行其他环境色彩设计提供必要的事实依据。

（二）第二阶段

拟定新的环境色彩规划与设计形象概念。在环境色彩现状调查与分析的基础上，结合该地区色彩环境的历史、现状，以及委托方的规划意图开始本环节的工作，即为新建或者改造的环境制定既吻合当地色彩特征，同时又符合整体规划要求的色彩形象规划与设计概念。其色彩形象概念通常是由三个部分组成：总色谱、环境色彩区域分布图和配色指南。[①]

三、城市色彩规划的内容

通过研究解读当前我国城市色彩规划的理论研究及实践工作，城市色彩规划的编制大多是以城市规划编制体系为基础，大到宏观层面的总体规划，小到微观层面的建筑色彩设计，贯穿渗透于城市规划设计的每个阶段。有的专家学者认为城市色彩规划研究应采用大处着眼、小处着手、自下而上的方式进行更容易落地实施。目前我国大多数城市（如广州、杭州、长沙、

---

① 崔唯.城市环境色彩规划与设计.北京：中国建筑工业出版社，2006.

苏州、厦门等）采用的还是自上而下的方式，首先进行的都是宏观层面的城市色彩总体规划研究。无论是自上而下还是自下而上的方式，从城市规划的角度来看都需要从总体上宏观把握城市色彩，较大的城市还可以结合城市结构特点对城市色彩进行中观上的分解。在这个基础上城市色彩规划通常包含以下内容：

（1）从城市自然山水、植被、建筑物、家具小品等方面对城市进行全面的色彩现况调研，解析城市色彩构成因素。并通过色彩的方式解析城市的色彩现象，总结色彩环境特征，提出城市色彩问题。

（2）研究城市发展的历史沿革，对城市的规模、人文环境因素及发展方向等进行考虑，提出城市色彩控制的原则性策略。在此基础上初步确定城市色彩发展的总框架，建构色彩发展愿景。

（3）根据调研结果，梳理城市色彩特质，对城市色谱进行分析整合，得出城市色彩概念总谱。提出城市色彩主旋律和推荐色彩谱系，包括城市主、辅色及点缀色系统。

（4）在城市色彩总体规划基础上，根据城市的实际情况，合理确定城市色彩规划分区结构及色彩定位，从而明确城市总体色彩规划和控制的依据。

（5）根据城市的实际情况或选择重要节点做具体的城市色彩设计，提出详细的建筑色彩设计引导方案。

四、城市色彩规划的特点

工业社会的科技进步给人们带来了舒适与便捷，然而在享受科技成果的同时，我们也发现城市环境已失去往日的色彩，取而代之的是急功近利、各自为政的建筑色彩，城市色彩的文脉与肌理被骤然打断，失去了理性的秩序。城市色彩规划是在保护传统历史建筑的背景下出现的，是规划师对城市文脉延续的一个贡献。因此，城市色彩规划兼具城市色彩的感性特质与城市规划的理性特质。

（一）城市色彩的感性特质

城市色彩可以归纳为自然环境和人文环境的色彩，又包括城市物质实体的色彩和城市的色彩观念及城市中所有的色彩现象，是一个多维度、多层次的色彩系统。在没有规划控制的情形下，城市色彩的形成是自发的、无序的；在规划控制之下，城市色彩可能朝着有序、和谐的方向发展。城市色彩的价值取向也不是统一的，人们对色彩的审美和判断是五花八门的，受到每个人的年龄、阅历、性别、审美观、教育程度、职业特点等各种因素的影响。城市色彩的形成、城市色彩的内涵及城市色彩的价值取向共同表明，城市色彩是感性的，城市色彩追求的是城市发展和建设中淡化了的人性和情感。

城市色彩是城市空间环境的一个重要因素。城市空间环境是人的物质需求与精神需求的支撑与表达。城市色彩直接影响生活在城市中人们的生理和心理需求,所以通过城市色彩的设计渲染环境气氛,可以让身心舒畅,是一种经济便捷的改造环境的规划方法。

(二) 城市规划的理性特质

"规划"意味着作出比较全面的长远的发展计划,是对未来整体性、长期性、基本性问题的思考和设计未来的整套行动方案。"城市规划"则是对一定时期内城市的经济和社会发展、土地利用、空间布局以及各项建设的综合部署、具体安排和实施管理。概念中规划的理性特质不言而喻。

从城市规划对空间的控制来看,主要是对物质形态空间要素秩序的控制。空间要素的秩序指的是要素的位置和相互关系,具有规律性、节奏性、时空性等特征。无论哪个设计阶段,无论规划对象是感性元素还是理性元素,都需要理性地考虑个体与局部,群体和整体的关系,通过相关设计建设和管理建立起合理的秩序。只有这样,才能建立城市空间秩序,才能充分满足人的全方位需求,塑造高品位的城市环境。

色彩是感性的,在空间中的色彩集合可以是有秩序的,也可以是无秩序的。有秩序的色彩空间是理性有规律的排列和组合,无秩序的色彩空间则是无规律排列或组合的,杂乱无章,无法给人以视觉的享受。因此城市色彩需要理性的深化,在理性的基础上进行归纳性强化,这就需要规划的理性来实现。尽管良好的城市空间环境不完全通过城市色彩而形成,但是应该看到,城市色彩规划可以促进创造良好的空间环境。良好的城市色彩环境必须通过规划这一途径。因此,城市色彩规划是形成良好城市环境的重要途径。

(三) 城市色彩规划是感性与理性融合的过程

强调人性、注重情感、追求美好是城市色彩规划的出发点,是一种感性的思维和原则,规划强调理性的思考。色彩如人的外衣,规划如人的内在修养和知识,深厚丰富的内涵可以反映到人的外在,可以增加人的整体表现,一个好的规划会促进城市色彩的展现,反之则会影响城市的色彩形象。

所谓设计的感性思维是把人的心理感应作为主要设计依据的一种思维方式。设计的感性思维注重人的情感,注重人性的体现,注重文化效益。所谓设计的理性思维是把逻辑性、科学性、技术性、合理性、经济性、实用性等作为主要设计依据的一种思维方式。设计的理性思维注重社会及经济效益[1]。城市色彩规划就是通过感性思维和理性思维分析研究当地特有色彩规律

---

① 余柏椿. 城市设计感性原则与方法. 北京:中国城市出版社,1997.

和构成，在视觉美学意义上作总结，并通过在城市建设中以适当的方式体现出这一理性过程，从而达到使人的视觉感受到美的目的。城市色彩规划追求的就是理性与感性并重的状态，是感性与理性融合的过程。

五、城市色彩规划的作用

城市色彩规划作为城市规划的重要专项内容，在城市形象塑造和城市建设营造方面，有着不可或缺的意义。城市色彩规划目标的合理与正确直接关系到城市色彩规划的成败，并且最终决定城市色彩的形象建立，是影响城市面貌的根本性、全局性的问题。城市色彩规划的作用就是从色彩规划策略，城市色彩特色和城市形象品质这些方面来实现城市色彩规划科学管理城市形象、丰富地域文化内涵与建设和谐宜居城市的目标。

（一）提出色彩规划策略，科学管理城市形象

长期以来，色彩作为一个感性的元素，其研究和运用一直围绕服装、单体建筑等微观对象，较少涉及城市这一对象。因此从宏观角度研究城市色彩这一复杂对象的理论基本上处于空白状态。城市色彩规划不同于以往我们所认识的单体建筑设计中的色彩运用，而是从战略高度明晰城市形象的发展方向，通过对城市从宏观至微观的色彩控制，协调城市的过去、现况和未来的城市色彩概念，为城市色彩形象的宏观控制和分区营造提供依据。城市色彩规划的基本目标之一就是营造美的城市形象，色彩规划正是通过这些工作为建立良好的城市色彩环境提供科学的理论依据和系统方法，从而实现科学管理城市形象的目的。

（二）寻求城市色彩特色，丰富地域文化内涵

当今中国的城市随着城市化的高速发展，大规模的城市建设越来越表现出趋同性，城市的个性和特色正在逐渐消退。虽然出现这些问题的主要原因并不在于色彩本身，但城市色彩直观地反映了一座城市的历史文脉和整体风貌，是城市特色与品位的重要标志。城市色彩作为城市的一项重要因素，采用富有个性和特色的色彩有利于提升城市的识别度。城市色彩规划正是通过挖掘城市的差异性资源，分析色彩特色，推求城市独有的个性色彩特质，提出符合地域文脉和现代社会要求的形象特色，并找到实现城市色彩特色的方法。此外，城市色彩规划在深入挖掘城市历史文脉的基础上，从色彩的角度诠释城市的历史文化，使城市色彩规划既能传递城市历史信息，又能与时代同步，并符合城市未来整体景观形象的塑造。因此色彩规划的目标就是进一步弘扬彰显城市历史文化特色，丰富地域特色的文化内涵，塑造鲜明的城市特色，增强城市的活力和魅力，推动城市品牌战略的实施，增强城市的文化力。

(三) 提升城市形象品质，建设和谐宜居城市

城市色彩规划通过深入细致的调研分析以及科学合理的规划设计对城市色彩进行有效的控制，治理环境中色彩杂乱、无序的现象，提升城市形象品质，增强城市的魅力。城市色彩效果的好坏和品质的优劣，直接反映了城市居民及管理者对城市形象的用心程度和对生活环境的关注度。更为重要的是，城市色彩规划对提升城市形象品质和魅力有着独特的意义。城市色彩规划通过色彩手段在一定程度上能够快速、经济、有效地改善美化人居环境，提升城市人居环境质量，增强城市居民的归属感，使城市更加和谐、宜居，让生活在城市里的人们获得高品质的身心享受。

第三节 城市色彩规划的发展历程与实践

对于建筑色彩的研究引领着城市色彩规划的发展，在20世纪90年代初，随着城市建设中色彩问题的不断出现，国内关于城市色彩的研究开始出现。进入21世纪以来，城市色彩问题受到越来越多城市的关注，有关城市色彩的研究和城市色彩规划实践开始逐渐增多，许多城市都有了自己的色彩规划。随着城市对色彩的重视，色彩规划已在中国落地生根发芽，吸收本土的养分，成为有中国特色的一种规划。但城市色彩规划还有很长一段路要走，才能逐渐成熟完善。

一、城市色彩规划的发展历程

(一) 国外城市色彩规划的发展历程

据记载世界上最早的城市色彩设计文献是1800~1850年间的都灵城市色彩设计档案，由此可以推断城市色彩设计与管理活动在此之前已经存在。但是，有系统的理论和实践方式指导的城市色彩规划却是在20世纪70年代的欧洲，以历史城区的保护性修复为契机而兴起的。1970年意大利都灵理工大学的乔瓦尼·布里诺和弗朗哥·罗索对都灵进行色彩规划，是最早进行城市色彩规划的事件。此后，系统的城市色彩规划研究逐渐形成。1974年朗科罗提出了"色彩地理学"，并为"世界的社会文化学、民俗文化学、环境保护、都市规划、现代工业设计、国际性的流行色等等领域的专家所认同"。朗科罗在城市建筑与环境领域，以实证主义思路的"色彩地理学"引领探索城市色彩理论与实践方法，通过法国、日本的一些城市进行城市色彩体系研究。这些经验和方法对于城市色彩规划研究产生深远的影响直至今天。此外，在美国有一些从事城市色彩研究的专业教育机构和设计机构，他们也积极地推动了国际化的城市色彩研究与实践。

虽然西方有着成熟的城市色彩规划理论和经验，但是城市色彩规划即使在西方国家也并没有普及。这并不意味着对城市及建筑色彩的忽略。因为，西方的城市发展脉络清晰，城市

及其建筑色彩顺承文脉的发展轨迹呈现出有序的高品质状态，城市色彩规划在其中承担更多的是保护与管理的职责。这一点与亚洲城市色彩状况截然不同。由于历史和现实造成的多样性的、无序的、非逻辑的城市发展方式，使得城市色彩规划需要从观念到营造，全方位进行色彩形象特色化和秩序化调控与维护。这也正是城市色彩研究与实践在东亚兴起的重要原因之一。

东亚是目前世界城市色彩规划研究与实践最为活跃的区域之一。其中以日本发展最早也较为成熟。日本活跃的研究状态得益于20世纪70年代，在借鉴欧洲"色彩地理学"的理论基础之上适时地发展出"日本式"的城市色彩规划方法体系。1970~1972年，由朗科罗主持进行的东京城市色彩规划开创日本城市色彩规划的先河。1981年，日本建设省提出了"城市色彩规划"法规，为城市色彩规划提供了制度上的保障。2004年日本通过了《景观法》，结束了依靠地方政府制订的法规来保护城市景观的局面，使得景观的维护与发展有法可依，从国家层面承认了城市景观色彩规划与设计的必要性。

韩国城市色彩规划在借鉴日本的实践体系基础上，开展了一些城市色彩规划研究与实践。2006年由韩国忠南国立大学主持的韩国新行政中心的色彩规划研究就是其中的代表。韩国在2007年也通过了《景观法》，这表明韩国的城市色彩规划也将得到快速的发展。

（二）我国城市色彩规划的发展历程

中国城市化进程中，旧城丢特色、新城缺特色，城市形象出现"千城一面"的特色危机。如何在现代城市营造理念和技术背景下，找到塑造特色化城市形象的方法，成为中国城市普遍面临的问题。同时，今天的中国城市建设已从"快速建设"时期发展到"深思熟虑"阶段，人们对于城市形象精益求精。城市色彩作为决定城市形象的一个关键要素，越来越受到关注。然而，由于中国美术基础教育薄弱，色彩基本常识和审美标准缺失，使得城市决策者在色彩决策时产生困惑。城市色彩该何去何从？于是，我国的城市色彩规划便应运而生，力图通过色彩手段改善趋同的城市形象。

目前，许多城市编制了城市色彩规划。哈尔滨、武汉、盘锦、大同、杭州、南昌、宁波、温州、广州、苏州、长沙、厦门、泉州、日照、伊春、无锡、江阴、江山等城市都先后展开了城市色彩专项规划。还有许多城市，在总体规划、城市设计的分项内容中也探讨过城市色彩问题，或者针对城市色彩定调展开全民讨论，在此不一一列举。大部分城市色彩规划在借鉴国外成熟经验的基础上，探索着中国式的解决方式。但规划成果仍有待于与城市规划、建设、管理实践相互结合并逐步完善。总体而言，中国城市色彩规划目前尚处于探索期，建构适合中国国情的城市色彩规划方法，加强城市色彩规划的可实施性，仍是现阶段中国城市色彩规划面临的两个突出问题。

二、城市色彩规划实践案例

自 20 世纪 70 年代开始，随着国际城市环境规划与设计以及城市色彩环境实践探索和理论研究的不断深入，国际上许多色彩环境规划、设计机构及设计师也在以往专业实践经验的基础上，逐步总结出一些符合该领域工作特点的程序模式与应用方法，尽管有些差异，但总体还是存在许多相同之处，如注重调查、分析、规划、设计、施工、管理等[①]。国内许多专著及论文均有详尽的记述，本书在此不再赘述，而将主要篇幅放在国内规划的实践上。

在 20 世纪 90 年代初，随着城市建设中色彩问题不断出现，国内关于城市色彩的研究开始显现。进入 21 世纪以来，城市色彩问题受到越来越多的关注，有关城市色彩的研究和规划实践逐渐增多，许多城市都拥有了自己的色彩规划。1998 年杭州市湖滨地区整治规划——景观与建筑色彩规划，可以说是国内首次将色彩地理学说应用于城市色彩实践的色彩规划。2000 年北京发布了《北京市建筑物外立面保持整洁管理规定》，为其他城市开展城市色彩规划起到了领头的作用。随后 2002 年盘锦完成了我国第一个城市色彩规划。由此我国的城市色彩规划开始进入公众的视野，成为近年来城市规划的热点，各大城市先后编制了自己的色彩规划。

为了更全面地反映色彩规划的现状，本书选取了国内比较有代表性的三个城市的色彩规划供读者参考。

（一）杭州市色彩规划研究

2005 年中国美术学院色彩研究所宋健明对杭州进行了杭州城市景观、建筑色彩规划研究，得出杭州城市主色调为"水墨淡彩"的结论。此后，关于杭州城市色彩规划的一系列研究逐渐从探索走向成熟。这期间，先后有杭州城市色彩规划研究（2005-2006）、之江区城市色彩规划（2007）、钱塘江两岸城市色彩规划（2008）、杭州主城区建筑色彩专项规划（2008）、滨江区白马湖片区城市色彩规划（2009）、下沙新城色彩规划（2008-2009）、富阳城市色彩规划（2009）以及杭州城东新城色彩规划（2009）等一系列色彩规划成果。

其中《杭州主城区建筑色彩专项规划》首先以杭州整个城市为对象确定了"水墨淡彩"的主色调，然后针对重点片区等的发展定位采取艳度递减、色彩衍生的方式从广告色彩、沿街立面色彩、屋顶色彩、点缀色彩等方面进行细部定位。根据城市色彩定位，通过对杭州市各个片区的建筑色彩进行详尽调研，总结了基地状况、现有建筑色彩参数、色彩抽样比例，绘制沿街建筑色彩彩度、明度、色相的密度分析图等，有效地表现出建筑基调色的各个色彩参数的密度分布和连续性。

---

① 崔唯. 城市环境色彩规划与设计. 北京：中国建筑工业出版社，2006.

杭州市的城市色彩规划成果采取公示方式，征询各方面意见和告知社会。在城市色彩规划实施管理方面，对整个杭州市进行单元划分，共划分为 14 个区，其中 6 个区是城市色彩重点区、8 个区是一般区。以"单元—街坊—地块"进行分层控制和分级审批。在具体操作方面，以"地块"为单位进行用地审批时，套用该地块相应色谱，并作为选址意见书的审批附件。如果审批项目突破原色彩范围，需要编制色彩论证方案并报专门的色彩规委会审批（图 1-1~ 图 1-4）。

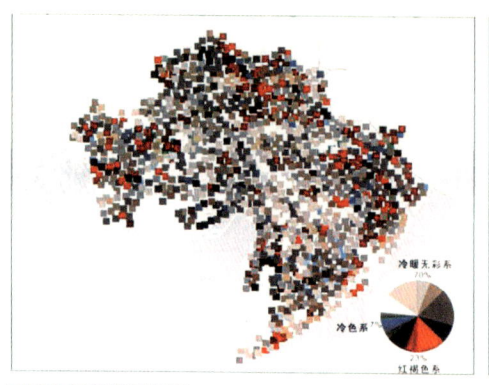 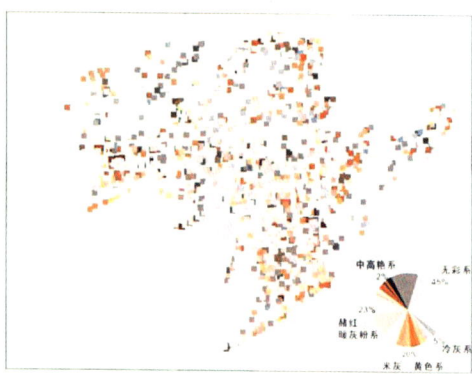

图 1-1　杭州市主城区核心区建筑整体色彩景观现状及评价

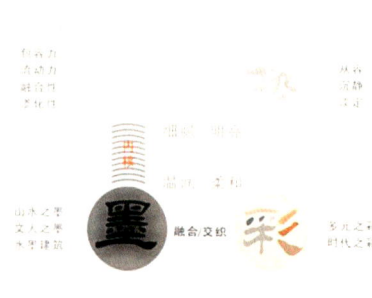  

图 1-2　杭州城市建筑色彩总体定位

图 1-3　杭州市色彩规划总谱

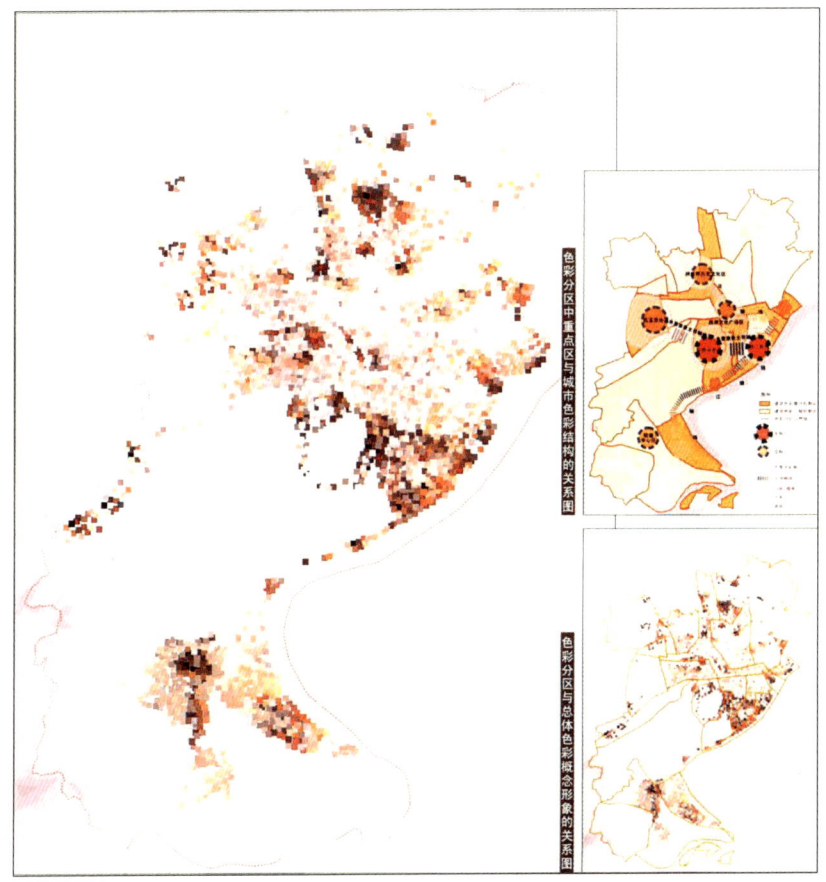

图 1-4 杭州市主城区建筑色彩的总体概念形象

（二）广州城市色彩规划

2007 年中山大学郭红雨城市色彩工作室与广州城市规划勘测设计研究院合作完成了《广州城市色彩规划》。针对广州城市色彩环境特征，提炼得出广州城市色彩推荐色谱，其色彩特征为"阳光明媚的粉彩画"，以"有阳光感的中间色"——中高明度、中低纯度的黄灰色调为主的色彩主旋律；为广州城市色彩提供分层面、分系统的规划策略；为城市总体空间分布提供指引；为城市各行政分区研究提供分区色谱和色彩规划导则；为广州市八个重点地段提供具体的色彩设计，以此阐释广州城市色彩规划的思路与方法；并为广州城市色彩管理提供管理方法策略[①]。

广州城市色彩规划从 2007 年 3 月公示，至 12 月结束，在长达 7 个月的时间里，通过媒体宣传、市民关注、专家讨论等公众参与方式，推进了城市色彩的普及，培育了城市色彩的观念（图 1-5~ 图 1-9）。

---

① 中国城市色彩在成长——中国城市色彩规划发展. 建筑与文化，2009（08）.

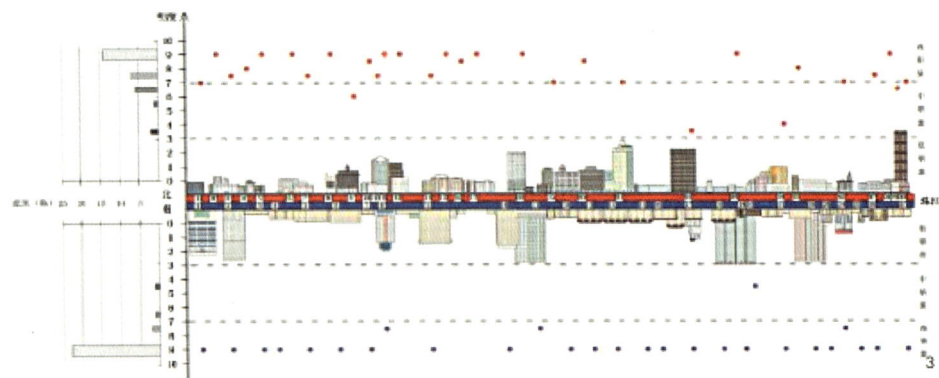

图1-5 广州珠江沿岸的色彩规划

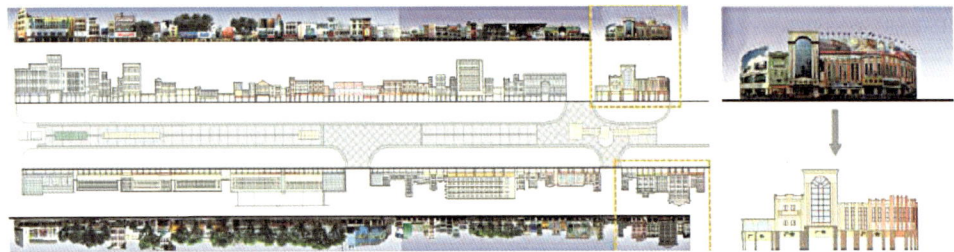

图1-6 广州北京路色彩规划

图1-7 色彩印象之骑楼　　图1-8 色彩印象之上下九商业街

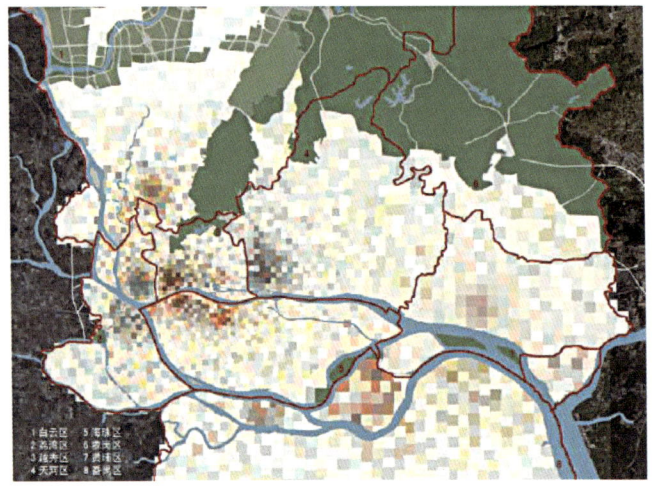

图1-9 广州城市色彩规划

(三) 长沙市城市色彩规划

2008 年北京西蔓色彩文化发展有限公司的于西蔓领衔完成了《长沙市城市色彩规划》。长沙市通过色彩规划顺应长沙市创意之都、宜居城市、幸福家园的全新发展定位,切合"山水洲城"的城市空间景观特征,经过充分研讨,确立将"妍妆淡彩"作为长沙市城市色彩形象塑造的主导方向。"妍妆"指鲜艳明丽的色调,"淡彩"指清淡素雅的色调。

在对构成长沙自然景观色彩的土、沙、石、水、四季植物等的色彩测定中,通过城市色彩规划的专业设计手法,分离提取出不同明亮程度和鲜艳程度的色相色彩,形成色彩印象各异、浓淡层次丰富的色调,融入其他有助于构建和谐城市景观的色彩,形成了暖色系的红橙黄为表现的暖灰色系的长沙市建筑色彩主色调。

结合长沙市的实践,在构建色彩规划目标方面,制定了四项发展方针及相应的色彩规划原则。长沙市的色彩规划制定了五类色谱,分别为:长沙市建筑色彩推荐总色谱、长沙市各功能类型建筑色彩推荐使用色谱、长沙市建筑色彩控制总色谱、长沙市建筑物外立面基调色控制使用色谱、长沙市建筑外立面基调色禁止使用色谱。长沙市建筑色彩规划控制的层次包括建筑色彩制定重点控制区、建筑色彩规划主控制区、建筑色彩规划次控制区。长沙市建筑色彩规划在中观和微观的层面上,又可细分为城市主要道路两厢建筑色彩管制、城市道路两厢建筑底部色彩管制、建筑外立面色彩分段与分布管制、建筑屋顶色彩管制、建筑外墙装饰材料管制、建筑外立面玻璃色彩管制、构筑物色彩管制(图 1-10~ 图 1-13)。

①开福寺的外立面使用高纯度色(外立面基调色 10YR7.0/9.0)

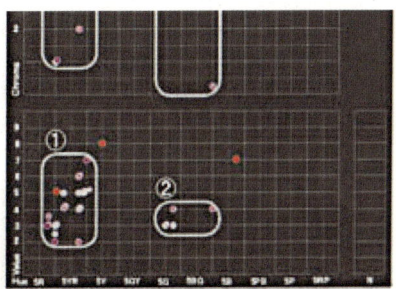
建筑物外立面色彩分布图

②以绿色为强调色和屋顶色的开福寺(5G3.0/8.0)

③火宫殿周围高纯度色建筑物(5Y8.0/6.0)

④火宫殿周围建筑色彩(10YR5.0/4.0,7.5B7.0/5.0)

图 1-10 长沙市主要建筑物的外立面色彩

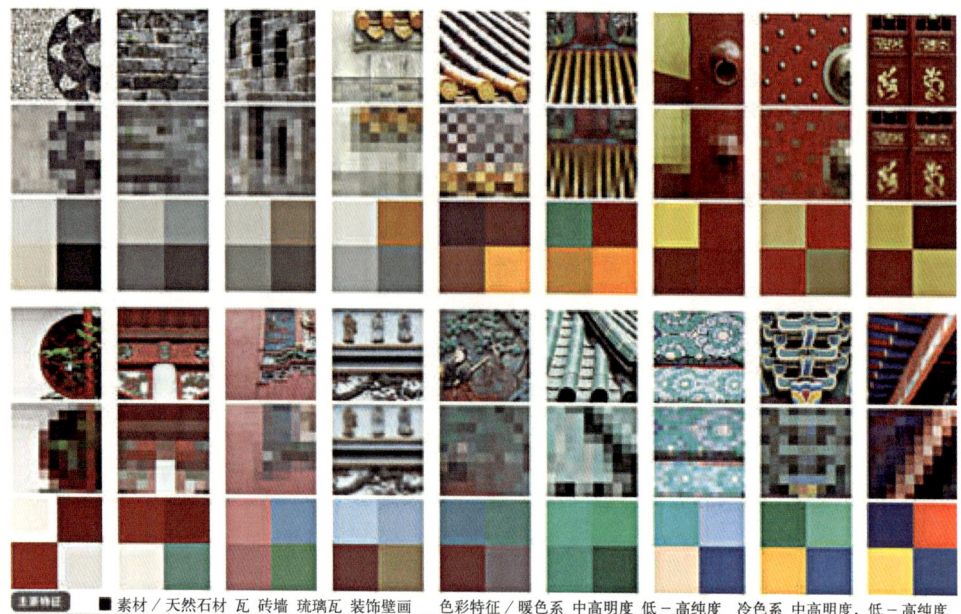

图 1-11　长沙市主要建筑外立面色彩分析

图 1-12　长沙市建筑立面色彩示意

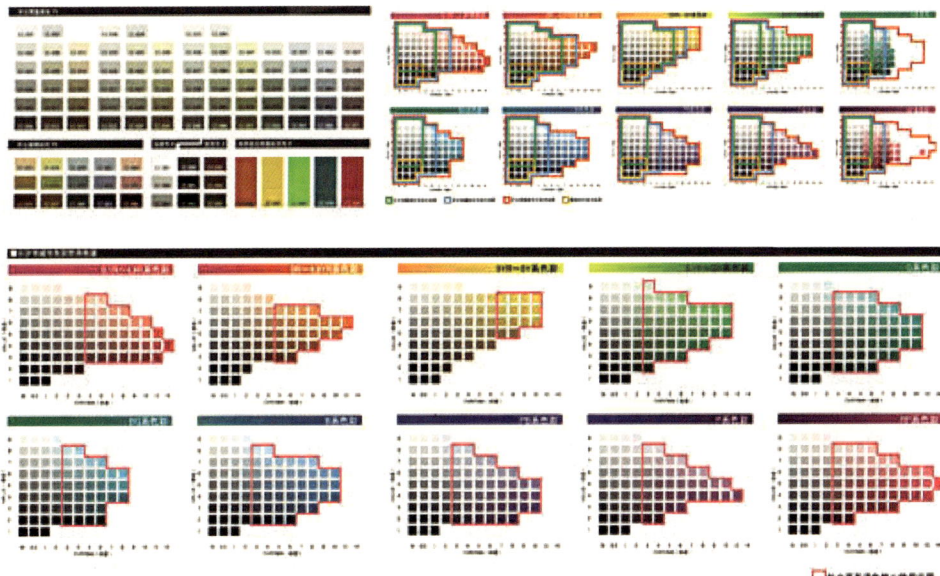

图 1-13 长沙城市色彩推荐、控制、禁用色谱

第二章　济南城市色彩规划思路探索

　　济南，南依泰山，北跨黄河，以"泉城"蜚声中外，融"山、泉、湖、河、城"为一体，是一座拥有4600多年文明史和2600多年建城史的国家级历史文化名城、齐鲁文化荟萃之地。改革开放以来，特别是进入21世纪以来，城市建设迅猛发展，城乡建设发展使城市环境不断提升，城市面貌不断改善。然而，在此背后也面临着城市发展与古城区保护、全球一体化与地方传统文化对峙的突出矛盾。在城市现代化建设中，传统的建筑色彩逐渐淡化，趋同的高科技建造手段和现代建筑削弱了城市色彩个性，城市色彩相对混杂。

　　不同的城市有不同的特点，因此色彩规划的方法和路线也不一样，应根据城市的特点来量体裁衣。

第一节　济南城市色彩规划理念解析

　　城市色彩规划是一种新兴的规划，在理论和实践方面仍需要不断完善。济南的城市色彩规划也必须在前人基础上摸索前进。那么用什么样的理念来指导济南的色彩规划呢？根据城市色彩规划感性与理性结合的特点，济南城市色彩规划提出了以"以人为本"为理性方法、以"赏心悦目"为感性目标的规划理念。

一、济南城市色彩规划的方法与目标

　　"以人为本"的思想要求在规划工作中以人为基础、以人为前提、以人为目的。就色彩规划而言，就是根据人的视觉、感觉对环境所产生的生理及心理上的反应，来指导规划的制定。人对环境体验的需求是和谐及舒适，色彩规划满足的就是人对环境"赏心悦目"的需求，因为人既是环境的创造者和改造者，又是环境的拥有者和享受者。

　　马克思认为，任何人类历史的第一个前提无疑是有生命的个人存在。人的个体生命是人类一切活动的基础、前提和最终归宿，更是人自身发展完善的动力。中国历史上的人本思想，主要是强调人贵于物，"天生万物，人为贵"，中国传统文化在关注人的物质生命的基础上，更注重的是人的精神性、超越性和无限性。它们所强调的都是人的精神方面的陶冶与升华。"衣必常暖，而后求丽，居必常安，而后求乐"，随着物质条件的改善，人们必然产生更高层次的追求，比如精神方面的愉悦与享受。任何设计的目的都在于满足人的需要，人的需要就是设计的动力源泉，同时也影响和制约着设计的内容和形式。正如美国设计家普罗斯所说："人们总以为设计有三维：美学、技术和经济，然而更重要的是第四维：人性。"人类对设计的要求早已超越了简单实用，还必须蕴含人性中各种审美、情感、文化及精神含义的内容，而色彩规划中以人的需求为依据的规划理念，正是为了满足人类的内在要求。

　　色彩规划理念的核心应该在于对"人"的关注而非"物"，脱离了"人"的设计只能是色彩材料的堆砌。英国前首相丘吉尔曾说："起初人塑造了建筑，后来建筑塑造了人。"色彩规划对象之一的建筑色彩设计可以说是建筑设计的延续和深化，是城市空间和环境的再创造，使城市环境既具有实用功能，同时也折射出历史文脉、建筑风格、文化素养等精神因素。然而，在城市现代化建设中，传统的建筑色彩逐渐淡化，人文背景中的色彩倾向和自然环境色彩常被忽视，趋同的高科技建造手段和现代建筑一定程度上削弱了城市色彩个性，对文化内涵的关注度越来越弱。在此趋势下，色彩仅满足功能的需求是不够的，正如西蒙所说："作为设计

者,我们仅适应人是不够的,好的设计必须满足他、取悦他、提高他并且鼓舞他。"对于生活在城市中的人来说,色彩规划不但要满足其对物质生活的要求,更要提升物质富足后的心灵追求与境界,这种追求与境界是个抽象的概念,这种理想的追求与境界用文字来描述就是"赏心悦目"。

因此,城市色彩规划的理念要求在色彩规划中必须更多地同人打交道,研究人们的认识特征和规律、研究人的情感与意志、研究人和环境的相互作用等。理念的核心就在于将"以人为本"作为基本要求与原则贯穿规划始终,并使之与"赏心悦目"的规划目标相结合,通过色彩艺术设计手段的运用,建筑材料的创新组合,对城市空间及环境予以升华,赋予空间长久的生命力,并使市民从中获得心理和生理的双重享受。

二、济南城市色彩规划的策略

(一)用"以人为本"的理性方法建立城市色彩形象

用一种或几种颜色来决定一个城市的色彩显然不是城市色彩规划的本意,城市色彩规划的目的是建立一个和谐有序的色彩秩序,一个符合大众审美的色彩系统。但是从目前情况来看,市民大众的色彩知识基础参差不齐,对色彩的理解也是各式各样,另外关于城市色彩的理论也在不断地完善中,那么如何在现实的条件上来实现色彩规划的初衷呢?

城市色彩规划应该用"以人为本"的理性方法来实现城市色彩"赏心悦目"的感性目标,建立一个令大众"赏心悦目"的城市色彩形象,这是我们进行色彩规划的最终目标。城市色彩形象是建立在城市色彩基础上的一个更加概括,更加凝练的色彩概念。康定斯基曾经说过:"即使不画出某些色彩的形状,也能创造出有意义的真实来。"勒·柯布西耶也说过:"色彩不是用来描述什么的,而是用来唤起某种感觉的。"城市的色彩形象是抽象的,虽然在每个人的心目中城市色彩没有具体的形象,但是城市色彩会以一种无形的力量左右人们对城市的印象。因此城市色彩规划的目标之一就是通过规划,建立城市的色彩形象。尽管这一形象是抽象的,但色彩规划可以通过文字、色谱等有形手段将其描述出来,谱写出城市色彩的主旋律[①],以此来引导城市的色彩向理想的方向发展,从而建立起规划所确立的城市色彩形象。

今天的济南和我国其他城市一样正在高速发展,与传统城市的形象风格统一不同,城市的功能、形象等方面都有着多元发展的趋势,城市的色彩也是千变万化。城市色彩在整体上

---

① "主旋律"本意是指主曲调中若干乐音的有组织地展现。"其中各音的时值和强弱不同形成节奏,各音的高低不同形成旋律线,并往往体现出调式特征,表现一定的音乐意义。旋律是音乐的基本要素,音乐的内容、风格、体裁、民族特征等,都首先从旋律中表现出来。"(参见《辞海》P1752)

是一个混沌的概念,因此需要通过理性方法将它进行科学分析与合理规划,这种理性方法就要根植于"以人为本"的基础之上。根据城市色彩规划的理论与方法,济南城市色彩规划总结出影响济南城市色彩最重要的五个方面,即济南城市色彩规划五要素——自然环境、人工环境、人文环境、城市特色及色彩愿景(本章第二节对此有详细叙述),推导出济南城市色彩的推荐色谱,谱写济南城市色彩的主旋律①,通过提炼及演绎出城市色彩主旋律的关键词,建立起济南城市色彩的形象,在此形象的统领和引导下对各层面城市的色彩进行规划和引导。"以人为本"的理性方法贯穿于规划的整个过程。

(二)城市色彩实现"赏心悦目"感性目标的两个途径

随着社会进步和发展,色彩设计的完善,对色彩规划重视的趋势是显而易见的。好的色彩,会使人觉得充满生活乐趣,促进人的健康发展。成功的色彩规划,不仅是规划师的理性分析与科学表达,最重要的是能满足大众感性的审美需求。城市色彩规划要实现"赏心悦目"的感性目标,达到和谐宜人的效果,可以从以下两个方面来努力:

1. 体现城市的个性与特色

色彩的个性化是指一定时空领域内,某地域色彩作为人们的审美对象,相对于其他地域所体现出的不同审美特征。城市的个性与特色是一个国家、一个民族和一个地区,在特定的历史和特定的地区的反映。它体现了某地域人民的社会生活、精神生活以及当地习俗与情趣,是在其地域风土上积累起来的固有文化、历史、生活的表现,并通过一定的物质形式表现出来,被我们感受到。如果色彩丧失了个性,那么城市也会随之失去自己的个性与特色。

一个城市或地区在其形成发展中所具有的自然风貌、形态结构、文化格调、历史底蕴、景观形象越是有差异,个性特色越容易显现,就越能提升该地区的形象,从而提升其地位和经济效益,进而提升市民的自豪感和归宿感。吴良镛先生曾经说过:"特色是生活的反映,特色有地域的分野,特色是历史的构成,特色是文化的积淀,特色是民族的凝结,特色是一定时间地点条件下典型事物的最集中最典型的表现,因此它能引起人们不同的感受,心灵上的共鸣,感情上的陶醉。"城市特色可以是自然环境,也可以是人文环境和历史环境。其实,自然环境无非是人文环境或者历史环境的一个"横断面"而已。从这个意义上讲,自然环境和历史、人文环境是相通的。因此色彩规划需要与传统文化、科学与艺术、自然与人文相结合,延续城市的特色,尊重自然、尊重文化、尊重人。

---

① 主色调的概念难以涵盖复杂的城市色彩现象,而色彩主旋律弥补了主色调不能充分描述城市色彩面貌的尴尬。色彩主旋律实质上是指城市色彩丰富变化的大趋势。在整体城市色彩中汇聚着不同色度属性和对比度形成的色调,各区域不同比例的色调交织成为交响乐般的色彩主旋律。

济南是著名的泉城和国家级历史文化名城，同时济南又是全国为数不多具有"山水城市"特点的城市之一，鲜明的城市特色与性格也需要在色彩上反映出来。一个地区的个性特色，是人们对该地区历史、文化、形象、艺术上的总体概括，这种概括既是感性的认识，又可以上升为理性的、意识的总体认识。济南城市色彩可以从文物古迹、自然环境、城市格局、绿化种植、建筑风格等的个性特色综合起来考虑，创造出赏心悦目、舒适宜人和富有个性的城市色彩。

2. 注重色彩带来的情感性

随着人们物质生活的不断提高，人们对精神生活的追求也越来越高，更加注重生活的情趣和质量。因此，人们需要更多的情感沟通与交流、需要放松与休闲、需要户外活动空间，所以人们对环境的要求不仅要舒适自然，更要有趣、有个性。色彩起着传递环境景观和人之间桥梁的作用，要取得人的感情共鸣，那么色彩就应该具备丰富的感性内涵。规划师只有真正了解人在空间活动的心理需求和行为特征，并以此为依据，对城市自然环境、建筑物、公共设施、绿化、水体、地形等多种构成要素的色彩进行精心设计和有机组合，体现对人的关怀和尊重，才能使城市真正成为让人享受、为人喜欢、令人向往的公共空间。

济南是环渤海地区南翼和黄河中下游地区的中心城市，这里有多种文化交汇，虽然是北方城市，却又呈现出南方城市所具有的景色。"济南潇洒似江南"，济南人的性格有北方人的豪放大气，又有南方人的温婉含蓄，因而生活在这座城市中的人不可避免对济南的景色有着自己的标准。所以在做这座城市的色彩规划时，就应该多考虑济南人的性格与色彩倾向，满足其对色彩的情感需要。

第二节　济南城市色彩规划五要素

根据"色彩地理学"理论，影响城市间色彩差异的重要因素包括自然环境和人文环境两个方面，人工环境是城市色彩的具体体现方式，而城市色彩特色和城市对色彩的愿景又左右着城市色彩的方向。从实际情况出发，济南城市色彩规划提出了色彩规划的五要素——自然环境、人工环境、人文历史、城市特色和色彩愿景。对于城市色彩规划而言，最重要的就是针对这五个要素进行分析研究和科学规划，从而提出城市色彩的蓝图。

一、自然环境

自然环境指地球表层各自然要素，如水体、大气、天空、植被、山脉等。色彩规划需要考虑城市的自然环境，天空、土地、树木、草地、水域是大自然环境中特有的色彩，这些色彩元素构成了城市的自然景观色彩。自然环境对城市色彩的影响很大，它包括：气候条件、地方材料、区域空间等。气候条件中包括气温条件、湿度条件、日照量条件。气候条件不但决定了一个地区的自然景观，也决定性地影响着一个城市或地区的色彩及建筑材料的选择。我国幅员辽阔，各地自然环境差别很大，因此形成了各具特色的人居环境。一般而言，气候炎热地区，人们喜欢感觉清爽的颜色；气候寒冷地区，人们喜欢温暖的颜色。南方城市经常雾气霭霭、阴雨绵绵，湿度大，建筑喜欢用清净淡雅的颜色配合植被丰富的背景；北方城市多天高云淡、阳光充足，日照量大，建筑色彩鲜明。这些都体现了气候对城市色彩的影响。

自然环境也影响着材料的选择，地方材料决定或影响着城市的色彩，材料的使用必须符合城市的地方特色。在现代的城市建设中，材料的使用不再受技术条件的制约，但它所能体现的地方文化特色使其在城市建设中具有了特殊的意义。从这个角度看，地方材料的使用已从过去的客观必要上升为今天的主观需求，是保护和发扬城市地域性的重要环节。所以在进行城市建设时应很好地考虑体现地方特色的材料及色彩的应用。

城市的山体、水体、天空以及四季变化构成了一个地区或城市的环境底色，同时城市中的植被、土壤等色彩要素也影响着城市的整体色彩环境，并在潜移默化中影响着当地的色彩趋向和偏好。因此，在色彩规划中需研究地理环境、气候、日照等因素的影响，分析如河流、湖泊、泉水、植被和土壤等作为城市底色要素色彩的自然环境色彩。

二、人工环境

城市色彩规划是对构成城市各空间景观色彩环境的一切色彩元素的规划。城市是人工建造的，因此城市色彩不仅包括自然环境的色彩，也包括人工环境的色彩。人工环境的色彩包括建筑物色彩、园林绿地的色彩、道路色彩、广告招牌色彩和标志标识色彩等。

建筑物的色彩是城市环境主要色彩构成元素，包括建筑物墙体色彩、玻璃色彩、装饰色彩与屋顶色彩四部分，其中对建筑物色彩影响最大的就是墙体色彩和屋顶色彩。建筑物是最能影响城市景观环境的因素，建筑物群体构成的整体色彩对城市的鸟瞰景观与个性构成具有十分重要的意义和作用。在城市快速发展的过程中，雨后春笋般拔地而起的新建建筑与城市旧有建筑都急需科学合理、统一协调的色彩规划。城市中的园林绿地有别于自然环境中的植被，是经过人工修饰的自然景观，在四季的变化、植物的种类、造型等方面的影响下都会有色彩的变化，是影响城市色彩，及构成城市色彩的重要因素之一。道路色彩在城市色彩环境中所占比例不大，但由于其功能性、视觉传递与人们的生活密不可分，大城市中城市范围大，交通量也大，城市的交通方式以车行为主，人们对城市色彩的感受主要以在道路上行车感知为主，因此道路成为城市色彩环境规划必须考虑的因素之一。在色彩分析的时候，还要考虑道路的铺装色彩。道路铺装的色彩是指城市公共人行、车行道路的铺装色彩，其色彩形象，包括特点个性也会影响人们对色彩环境的审美感受。街头小品和广告招牌也是影响城市色彩的重要组成部分。

人工环境的色彩规划和设计不仅需要与不同地区的地理环境相统一，还需要与不同功能、不同艺术审美相协调，最终给人带来舒适、和谐的感受。

三、人文历史

人文环境是指社会的经济、科技、哲学、宗教、政治、文化、礼俗等。东西方的人文背景差异巨大，因此中西方的色彩审美观念也相差甚远。西方人更注重色彩的视觉效果，重视色彩的本身，多从色彩的物理属性和色彩给人的视觉感受引发的生理反应的角度研究色彩。而中国重视的不是色彩本身，而是色彩背后所蕴含的文化观念。我国幅员辽阔，南北方差异巨大，各城市有着不同的人文环境，因此各个城市都有其独特的特色。人文历史色彩可以从历史沿革、风土人情和宗教信仰这三个角度来进行分析。

历史文化的积淀形成了一座城市的个性特色。在大多数地区，传统色彩的美感、凝聚力、感召力主要起源于色彩背后的文化因素，因为某种历史的积累或政治条件的烘托，一些色彩组合超越了形式关系，成了"美"的色彩，成为约定俗成的色彩。随着社会上层建筑的变化，色彩所反映的文化观念也许会改变，但是历史文化会随着色彩继续传承下去。另外不同年代的城市色彩形成还是当时主流文化及经济水平的反映，并会强烈地反映在建筑这个时代的主体环境特征中。科学技术发展和演变对城市色彩有着很大的影响。随着现代科学技术的发展，新材料、新技术、新工艺的发明与应用，色彩在城市建设中突破了原有限制，设计师的构思都能通过科技手段得以实现，而且更注重色彩及色调的新鲜感，体现出色彩对造型以及环境的影响。色彩流行的间隔也越来越短，比如清水砖墙、瓷砖贴面、涂料、金属色等都体现出一个阶段城市色彩的流行趋势。

当地的民俗和风土人情（戏曲、饮食、手工艺品、特产等）都有其自身的色彩特点，这些都属于人文环境色彩。风土人情色彩是一个地区特有的色彩以及生活在当地的居民所创造的世代传袭的色彩文化。在一定的历史环境中，社会与时代的特征，很大程度上决定了城市色彩所具有的寓意和内涵。人类的生存环境，因其民族而异，有着各自的习俗和风情独特的色彩环境特征。

城市色彩受城市宗教信仰因素的影响也很大。宗教作为一种社会意识形态，有其自身的组织制度仪式等内容，反映了人类的信仰。宗教环境与色彩发生紧密联系，也会表现出明显的色彩倾向性。不同的国家和城市，因为民族信仰、历史、风土人情的不同而对颜色有不同的偏爱。民族不同也会导致色彩选择上的差异，所以研究一个城市的色彩应考虑不同民族对色彩的喜好。

四、城市特色

诗人纳乔姆·希克梅曾经深情地说道："人的一生中有两样东西永远不会忘记，这就是母亲的脸庞和城市的面貌。"一座城市的个性和特色本身就是城市魅力的展现，能够让人们长时间喜爱和记忆的城市，一定有显著的个性特征或地方特色。在全球化进程中，世界文化逐步融合，却也带来了世界文化趋同的现象，许多城市因此而失去了应有的特色与个性，成为平庸泛泛的城市。利用色彩来寻找城市特色不失为一个提升城市形象的好方法。

不同的城市有其不同的特色，有些城市以优美的自然山水见长，而有些城市则以深厚的历史文化取胜。即便同样类型的城市，其侧重点也是不同的，其所处的地位也有所不同。例如北京和济南同是北方的历史文化名城，但是它们的历史文化，在中国历史上的地位以及城市风貌特色是相差很大的。北京有一国皇城的大气壮观，济南则有北方城市难得的秀美雅致。这种特色反映到城市色彩上也是鲜明的，例如北京的典型建筑是红墙碧瓦以及青砖青石青瓦，而济南却有着江南的粉墙灰瓦和水墨山水。

城市特色可以从三个方面来考虑，一是城市的特定功能；二是城市的空间特色；三是城市的历史文化。众多城市正是因为以上因素存在着各种各样的差异，像具有不同风格的艺术品一样。差异酝酿着美，由于差异的存在，不同城市互相展现自我的魅力。济南的城市特色是多方面的。济南自古就是山东省的首府，是全省政治、经济、文化、科技、教育和金融中心，也是副省级城市和沿海开放城市。山水相依的城市地理形态构成了济南独特的城市空间特色，"山、泉、湖、河、城"有机结合，浑然一体。泉更是济南的特色，以"泉城"自居的城市全国乃至全世界都无出其右，"家家泉水，户户垂柳"勾勒出济南的独特形象。这种独特的形象反映到人的脑海中便是这个城市的印象，而这个印象又不可避免地带有自己的色彩。

五、色彩愿景

"色彩"以感性的状态存在，人们往往以最直接的心情和感悟去体验，而不是用定量、分析的方法去理解。就市民而言，不同性格、民族、身份、背景，不同地域的风俗习惯都决定着对色彩的认知和喜好也各不相同。因此，了解市民的心声显得十分重要，是进行色彩规划的一个重要步骤。目前解决这一问题的方法就是通过各种媒体及渠道包括问卷调查等社会学的方法来了解市民对城市色彩的愿景。例如广州就曾进行过对城市色彩的调查，引起了从媒体到市民的热议。这说明市民都有自己心目中向往的城市形象，对自己生活的城市也是充满关切的，因此城市色彩规划的目标就是要满足大众对城市色彩"赏心悦目"的愿景，满足大多数市民的色彩审美需求。

"羊羹虽美，众口难调"，市民对色彩的愿望虽然美好，但是每个人对色彩都有自己的想法，有时是很难统一。与市民站在自己的立场来看待城市色彩不同，城市的环境终究是一个宏观集合，规划专家无疑能站在一个更客观、更综合的角度来看问题。规划专家通过对城市色彩的深入研究，思考城市色彩反映出的城市文化和社会思想，针对城市的特点提出城市色彩环境的规划策略与技术手段，用技术与艺术结合的途径构筑城市色彩的理想愿景，以理性与感性融合的方式解读城市色彩的理想画面。与市民的主观、感性的判断不同，政府是在大众愿望的基础上，从客观、理性的分析研究中提出城市色彩的愿景，这是一个普通市民通过个人力量无法做到的。

因此色彩愿景是一个多方位的概念，不仅要面面俱到，而且要有所侧重。城市色彩不仅要建立在市民愿望的基础上，还需要专家领衔指导，政府组织把控，实现绝大多数人对城市色彩"赏心悦目"的目标。

第三节　济南城市色彩规划方法、规划层次及流程

一、工作方法

找到适合济南色彩规划的方法十分重要。在朗科罗教授的"色彩地理学"的色彩规划实践方法基础上，我们提出了济南的色彩规划工作方法与规划结构体系。济南的自然及历史资源丰厚，然而在现代化发展中丢失特色的现象也十分严重。因此调查研究色彩现状，探索城市色彩的前世今生显得十分重要。在借鉴前人经验的基础上，我们提出了自然环境、人工环境、人文历史、城市特色以及色彩愿景这样五个色彩分析的层次，也就是组成济南城市色彩的五个要素。自然环境分析中包括地理、气候、水文、植被和土壤的分析；人工环境分析中包括建筑物、园林绿化、城市路网、公共设施的分析，建筑物通过不同功能，不同时代等多角度的建筑进行分析；人文历史包括对城市的历史沿革、风土人情和宗教信仰等方面进行分析；城市特色从构成济南城市空间的特色的山、泉、湖、河、城出发，提取济南特色的色彩；色彩愿景则

从市民、规划的需求方面分析了对济南色彩的希望与愿景，另外还站在国际平台上与济南有相似之处的国际城市做一个横向比较。同时此次规划中我们借鉴了麦克哈格的生态主义规划方法[1]，提出了济南城市色彩的"千层饼"模式，通过这五个层次，将每一层次的色彩进行分析，然后叠加比较，选择适合济南城市的色彩谱系（图2-1）。

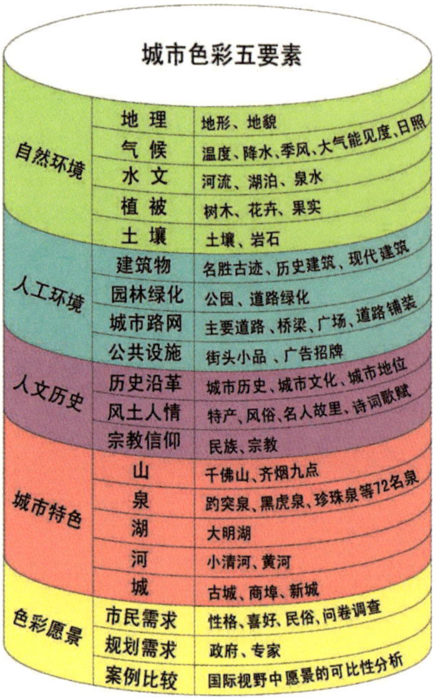

二、济南城市色彩规划层次

进入新世纪以来，济南和中国大部分正在高速发展的城市一样，城市在规模上和空间上发生了巨大的变化，建成了大量的摩天大楼、新型的住宅区、大尺度的公共建筑等。但是城市发展得越快、规模越大，城市的形态越相似，城市间的文化差异也在不断地弱化。在济南这样一个规划范围达1022平方公里的大城市，色彩规划应该如何从整体上把握是必须考虑的问题。对此，规划提出要通过从宏观把握定位，中观分区控制，微观节点设计来适应济南的实际情况。根据济南实际情况、城市色彩特点和色彩学理论，形成了济南城市色彩规划的规划层次（图2-2）。

济南城市色彩规划从城市规划中总结提出色彩规划的任务及目标。根据调查所取得的资料对济南城市色彩的自然环境、人工环境、人文历史、城市特色及色彩愿景这五个要素进行

图2-1 济南城市色彩"千层饼"图

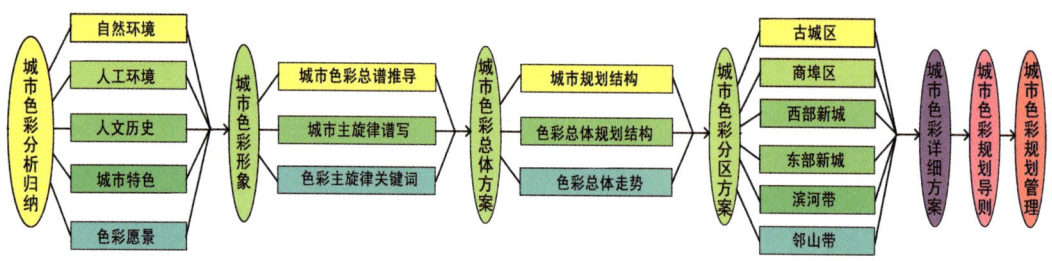

图2-2 济南市城市色彩规划层次示意图

---

① 麦克哈格的技术体现在一个包括自然地理学、排水系统、土壤以及重要的自然和文化资源的因子系统中，他完善了以因子分析和地图叠加技术为核心的生态主义规划方法，并称之为"千层饼模型(Layer Cake Model)"。其中生态因子的指标体系包括气候、地质、水文、土壤和土地现状等，并据此做出单因子图。通过地图叠加技术，根据单因子图，用叠图的方法分析土地利用的发展潜力与发展极限。

分析归纳。通过城市色彩总谱推导、城市色彩主旋律谱写、提出色彩主旋律关键词等步骤建立济南的城市色彩形象。在此基础上提出城市色彩总体方案，从色彩总体规划结构等方面来剖析整个城市的色彩，进行宏观把握定位。再根据济南四区两带的城市空间结构，提出城市色彩分区的方案，对中观进行分区控制。然后再对重要城市节点进行设计，对需要进行色彩规划的地段进行色彩详细方案的设计，完成城市色彩微观层面的方案。据此制定城市色彩规划导则，提出指导城市色彩规划管理的依据。

三、工作流程

本次规划研究分为以下6个工作流程：

（一）现况调查

对在规划范围内的自然景观、人文资源、城市现况进行深入调研。根据宏观、中观和微观等不同层面，借助拍摄、比色等记录方法，全方位地还原城市色彩现况。

（二）分析归纳

在实验室内，对田野调查的一手资料进行深入的分析，去伪存真、去芜取精，归纳出城市色彩特质，分析出城市色彩现况，推导出城市色彩发展的方向。将这些内容作为下一步规划的依据。

（三）初案形成

根据济南城市色彩的五个要素，提出城市色彩主旋律。然后在规划用地空间中进行色彩演绎，形成城市色彩总体规划初步方案。

（四）调整深化

总体规划初案形成之后，与设计方进行讨论，听取有关专家的意见和建议，调整深化规划初案，确立色彩规划初案。

（五）设计定案

优化调整设计初案后，进行分区方案和详细方案的规划。城市色彩规划方案通常包括总体色彩规划方案、分区色彩规划方案和重点地块详细色彩规划方案。确定不同层次的色彩方案，为色彩规划的实施与管理提供明确的依据。

（六）实施控制

为了使规划能够落到实处，编制实施导则、形成色彩限制性条件是必需的。在此环节中，应提出色彩规划管理的流程和方法，制定色彩审批文件和法规，以此来规范和引导城市色彩管理工作。

第三章　济南城市色彩分析

　　济南是一座典型的北方山水城市，浑厚硬朗之余，又不乏南方城市的温润秀美，以其"潇洒似江南"的独特风格，显示出济南固有的城市个性（图3-1）。独特的自然景观与悠久的历史文化相互融合，也构成了济南独特的泉城特色风貌，成为这座城市的宝贵财富和珍贵遗产。本章将从济南的自然环境、人工环境、人文历史、城市特色和色彩愿景这五个要素的角度来分析济南的城市色彩。通过对济南自然环境中色彩影响因素的研究、深厚历史文化的发掘，以及色彩文化传统、色彩资源和色彩偏好的分析，为济南寻找属于自己的城市色彩体系。

图3-1　济南城市特色形象

泉城色彩
——塑造赏心悦目的城市

第一节　自然环境色彩分析

城市色彩的形成是由其内在规律决定的，因其所处自然环境、人文环境等的不同而具有独特的色彩基调。而自然环境作为城市色彩形成的客观物质基础，不为人的意志所改变，是形成城市色彩内在的决定性因素。也就是说，一个城市的色彩应与自然环境相吻合。同时自然环境又对城市人文景观色彩的选择具有限制性作用。

一、地理环境

一个城市在地球上所处的地理位置，如纬度高低、海拔高度、地形地貌等地理条件是决定一个地区或城市色彩的重要因素。

图 3-2　济南城市南北剖面图

图3-3 济南南部山脉

济南市位于北纬36°40′，东经117°00′，山东省的中西部，南依泰山，北跨黄河，地处鲁中南低山丘陵与鲁西北冲积平原的交接带上。地貌类型主要为低山、丘陵、平原和沿黄低洼四部分，地势南高北低。地形复杂多样，大体可分为三带：一是北部临黄河平原带，处于黄河与小清河之间，为黄河冲积平原。二是中部山前平原带，处于小清河南岸至南部山区的北缘。三是南部低山丘陵带，海拔为500～900米，西起平阴、长清，东至章丘，绵亘于济南南部（图3-2，图3-3）。

二、气候

气候条件不但决定了一个地区的自然景观，也影响其色彩景观，影响着色彩景观带给观测者的视觉感受。济南地处中纬度地带，由于受太阳辐射、大气环流和地理环境的影响，属于暖温带半湿润大陆性季风气候。其主要特点是季风明显，四季分明，冬冷夏热，雨量集中。南依泰山山地，北依黄河平原，南高北低的复杂地形导致天气复杂多变，大风、雷暴、高温、低温、冰雹等时有发生。

（一）气温

气温的高低不但决定了一个地区土壤、植被的面貌，也促使人们寻找赏心悦目的色彩，以满足视觉和心理感觉的需要。因此，气温是对一个地区或城市的色彩进行基础调研分析时需要研究的一项重要因素。济南市一年四季处在不同大气环流的控制，四季气温变化分明，冬冷夏热。常年平均气温14.6℃，极端最高42.5℃，极端最低-19.7℃。按"平均气温大于22℃为夏季，小于10℃为冬季，10-22℃为春秋"的标准，冬季5个月（11-3月），夏季4-5个月。一般认为，寒冷地区的人们偏好具有温暖感的暖色系，炎热地区则喜欢采用清凉感的冷色系。济南由于全年平均气温比较高，而炎热的夏季和寒冷的冬季又比较长，所以城市色彩的选用应综合考虑，以中高明度、低彩度的冷灰色和暖灰色相结合。同时由于夏天炎热多雨，济南城市色彩还要避免大面积使用纯度较高的红色、黄色等暖色。

能见度好

能见度一般

薄雾级别能见度

雾级能见度

图 3-4　不同能见度级别下的视觉效果

（二）降水

了解一个地区的降水情况有助于掌握色彩景观的观察条件，而衡量降水特征的指标有两个，即降水量和降水时间。由于受季风影响，济南市降水量的季节分配极不均匀，春季和煦少雨，夏季炎热多雨，秋季天高气爽，冬季干燥寒冷。一年四季降水，夏季占全年降水的 65% 以上。全年平均降水在 600～700 毫米之间，其中夏季降水量在 400 毫米以上，7 月东南季风达到盛期，月降水量达 200 毫米以上[①]。由于济南降水日较少，而季节分布极不均匀（夏季集中），因此城市色彩定位可以中低彩度色彩为主。

（三）风

济南市受季风环流控制，风向有明显的季节变化。冬季受极地或极地变性大陆气团控制，不断受西伯利亚干冷气团侵袭，盛行西北、北和东北风，造成干冷、晴朗、降水少的天气。夏季受热带、副热带海洋气团控制，盛行东南、南和西南风，形成湿热、雨量集中、多雷雨天气。春秋两季为过渡，风向多变。就济南而言，全年除夏季外，空气都比较干燥，雨雾天气较少，建筑外立面材料可以涂料、木材为主，石材、瓷砖为辅。

（四）大气能见度

大气状况决定着城市色彩的呈现状态，若大气能见度低，色彩的彩度在这种环境中会有较大的降低。因此，了解大气能见度的变化规律，对济南的城市色彩定位至关重要。济南大气平均能见度不高，总体呈现出灰蒙蒙的城市形象（图 3-4）。通过对济南不同天气状况时的调研对比及对近几年大气能见度的统计定量分析（图 3-5），有如下两点规律：

（1）济南大气能见度平均值处于一般状态。这就意味着济南城市色彩基调应保持较高的艳度，才能有较好的视觉效果。

（2）济南春季和夏末初秋的空气能见度相对较好，冬季能见度最差。从不同季节考虑城市色彩效果，能够更加符合济南的现状，使规划更加适应济南的形象特质。

---

① 济南市史志编纂委员会. 济南市志（第一册）[M]. 北京：中华书局，1997.

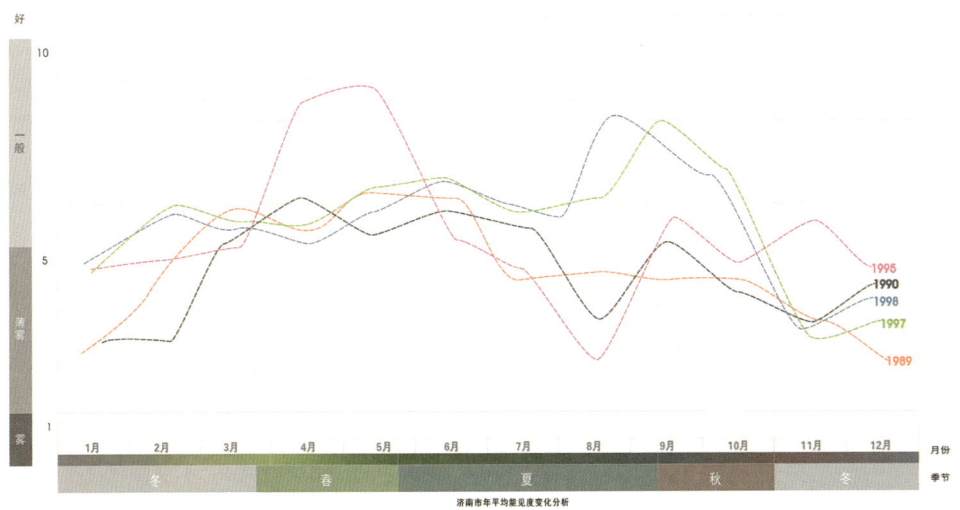

图 3-5 济南大气能见度分析表

（五）日照

日照光线对城市色彩的视觉效果也有着非常重要的影响。强烈的日光将降低色彩的彩度，而柔和的日光则使色彩看上去比较鲜艳。济南市年平均太阳辐射总量为 120.9 ~ 126.7 千卡/平方厘米，光资源比较丰富，位于山东省太阳辐射分布的高值区内。太阳辐射的年内变化较大，春季、夏季最多，秋季次之，冬季最少。因此，如何更准确地掌握济南城市色彩景观，需对济南的日照进行充分的分析研究。

1. 城市整体日照分析

规划通过模拟济南城市的整体日照情况，明确济南城市在不同时段光照条件下的背光、受光视觉效果，并以此作为色彩定调和调整的基本依据。从模拟图（图 3-6）中可以看出，济南东西两个立面的光线变化较大；邻山区域内，山体对山脚下的建筑光线有一定影响。针对这些特点，在制定色彩规划方案的过程中，给出相应的色彩调整对策。

2. 城市高差明显区域日照分析

建筑层高和日照密切相关。在研究中选择了济南城市中建筑高度差异较大的区域来模拟日照对区域视觉效果的影响（图 3-7）。通过这样的模拟，考察街区色彩的规划方法，找到处理大体量建筑与周边区域、临街与背街等色彩关系的方法。

3. 城市邻山区域日照分析

济南南面邻山，对邻山区域的日照情况应更加关注（图 3-8）。通过在不同日照条件下山体投射在城市建筑体上的阴影变化，有针对性地提出色彩方案。对于长时间处于阴影之中的区域色彩应适当地提升明度，以减少阴影产生的负面影响。

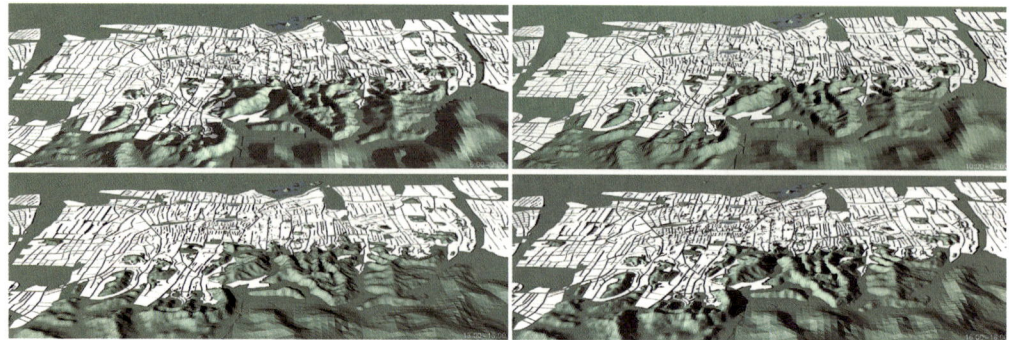

图 3-6 不同时段济南整体日照分析模拟图

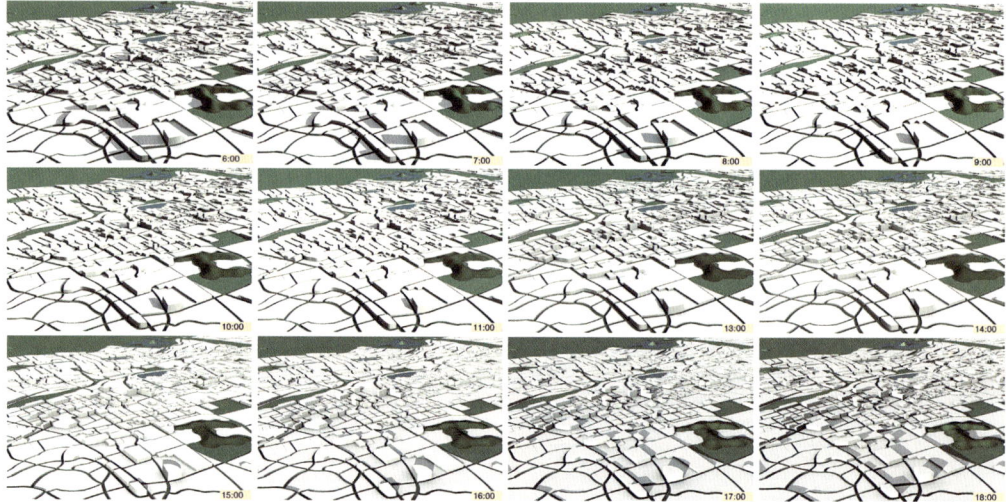

图 3-7 城市高差明显区域日照分析

图 3-8 城市临山区域日照分析

三、水文

济南的水文地质条件复杂,南部低山丘陵区为寒武系、奥陶系碳酸盐岩层分布,厚达1237米。历经以燕山运动为主的多次构造运动,岩溶发育,容易接收大气降水的补给,形成裂隙岩溶水,并向北潜流,被济南辉长岩体堵截,形成压力水头。故在低洼的市区,形成著名的趵突泉、黑虎泉、珍珠泉和五龙潭四大泉群。济南市的河流分属黄河和小清河两大水系。其支流除狼溪河、东泺河、西泺河和绣江河为常年性河流外,均为排泄山洪的季节性河流。除黄河外,均以雨水补给为主,按水文特征分为山区型河流和半山区型河流两种类型。小清河属于半山区类型,其余较大河流基本上属山区型河流。

四、植被

济南市植被按其起源和发生方式划分,可分为自然植被和人工栽植植被两大类。市区内的植物花卉大多分布于城市公园、道路绿化、小游园绿化、广场等处,已形成了点线面的绿化骨架。天然林和山体绿化树种主要是侧柏,间杂一些落叶乔灌木,形成了林地的基本色相。南部山区主要为耐旱的品种,如杨、柳、榾、榆、国槐、泡桐、侧柏、刺槐、花椒等。北部平原沿黄地区常见的树种主要有刺槐、泡桐、榆、柳、毛白杨、紫穗槐、杞柳、白蜡条、欧美杂交杨等。

济南植物色彩相较于热带炎热地区,同大部分北方城市一样相对单调,主要以绿色植物为主,彩色植物为点缀。各种绿色植物因品种不同、季节不同又呈现出绿色系的深浅、明暗变化,春夏绿色丰富,生机盎然;秋季色彩丰富,黄、绿、红相互映衬;冬季呈黄灰色调(图3-9)。

图3-9 丰富的植被色彩

五、土壤及山石

济南市土壤类型依地形、水文、气候、植被、母岩、母质等自然条件的差异及人为生产活动的影响，在全市范围内由南到北、从高到低，依次分布着棕壤、褐土、潮土和少量的砂姜黑土、水稻土、风沙土6个土类。其中，棕壤又称棕色森林土，占全市总土壤面积的9.1%，褐土面积占全市土壤总面积的74.1%，潮土占全市总土壤面积的13.4%，对济南自然景观色彩具有重要影响。总体来看，济南土壤色彩以红色系和黄红色系为主（图3-10）。

济南市全市总面积8154平方公里，其中山地丘陵3000多平方公里，可见山地丘陵所占比例较大。山地丘陵区域主要分布着石灰岩、白云岩、辉长岩、花岗岩等。济南市花岗石类石材储量丰富，品种繁多，例如柳埠红花岗岩（图3-11）和济南青辉长岩（图3-12）等对济南自然环境资源色彩研究都具有比较重要的影响。

图3-10 土壤色彩　　　　　　　　　　图3-11 柳埠红　　　　图3-12 济南青

第二节 人工环境色彩分析

朗科罗在其著作《色彩地理学》中提出，按照色彩的时间性可将城市景观的色彩组成分为恒定色彩和非恒定色彩。随着时间的变化色彩发生改变的称为非恒定色彩，如植物、天空、大气透明度的色彩。而一些人工环境要素如建筑物、建筑小品、道路桥梁、城市家具等，在一定时间长度内其色彩是可以保持不变的，从而称为恒定色彩。也就是说，在组成城市景观的多种因素中，人工环境要素的色彩是以人的意志为改变的，是我们可以根据喜好、审美、协调等进行控制并设计的。所以，了解济南的城市色彩环境，就要着重了解建筑、道路桥梁、城市公共设施、园林绿化等人工环境的色彩。通过对人工环境要素的全面调研分析和整体认知研究，可以详尽深入地剖析济南城市人工环境色彩的内容与特征。

一、建筑物色彩

根据色彩理论，占据70%以上面积的色彩在画面中成为主色。建筑是城市形象的第一体现者，是城市人工环境色彩的主要载体。它以其大量性和色彩的固定性，在很大程度上决定了人工环境色彩的主基调。所以，建筑对城市景观的影响力是决定性的。因此，要对城市整体色彩景观定位，要以建筑色彩为主要研究对象。

（一）济南建筑色彩文脉梳理

济南的建筑色彩发展同大部分北方城市基本一致，同时又具有"泉城"特色。从明府城以传统灰色调为主的青砖黛瓦，到近代商埠区中西合璧的红砖褐瓦，再到"一城三区"现代新城的儒雅明快、沉稳大气，无不体现出济南对地域自然环境和时代人文环境的选择与融合，反映了济南城市风貌特色的发展演进。通过对济南建筑色彩的文脉梳理，我们既可了解到建筑色彩背后的文化背景，又可以了解济南建筑色彩的发展演进（图3-13）。

济南丰富的建筑文化资源和悠久的城市建设历史，为城市色彩环境的优化和城市色彩特征的塑造提供了良好基础和文化积淀。济南近代建筑活动，大致经历了1866~1898年的初始期、1898~1936年的发展期和1937~1948年的停滞期几个阶段，这是我国多数城市近代建筑发展史的共同规律[①]。济南城内散布的深宅大院、平常民居等各种建筑物既保持着我国北方传统建筑的基本形态，又深刻地反映了济南地区独特的地域文化特色和城市个性。特别是集中在老城区的传统民居建筑，以既有北方之雄、又有南方之秀的特色著称于世。这些民居建筑或引水入院或近水搭楼，建筑形式朴实无华，建筑风格"潇洒似江南"。正如刘鹗在《老残游记》中所描述的，"到了济南府，进得城来，家家泉水，户户垂杨，比那江南风景，觉得更为有趣。"

济南民居较多地使用地方石材。墙基是石头的，房子是石头的，有的整个门楼、整个墙面都以石砌筑（图3-14）。石材除了用于墙面，还用于地面铺装，整条街巷都是用青石板铺砌而成（图3-15）。瓦片是民居建筑中重要的、也是大量性的材料之一。济南民居的瓦以板瓦为主，少量运用筒瓦。板瓦铺成的大片屋面显得细密而精致，同样有江南风韵。灰砖、青石、灰瓦构筑了民居以灰色为主的色系，但在不同的细部仍然存在黑色、暗红色等其他颜色的运用。民居的装饰主要集中在屋脊、檐口、山墙、门窗和影壁，庄重而又厚实的黑门、红漆的钩边（图3-16）、朱红的对联，这些热烈的色彩，彰显出山东人的直爽和热情好客。屋脊通常是由瓦片相叠成为"花脊"（图3-17），两端向外挑出，使屋顶的轮廓显得轻盈生动。门楼的花脊更加小巧，

---

① 张润武，薛立.图说济南老建筑近代卷.济南：济南出版社，2001.

泉城色彩
——塑造赏心悦目的城市

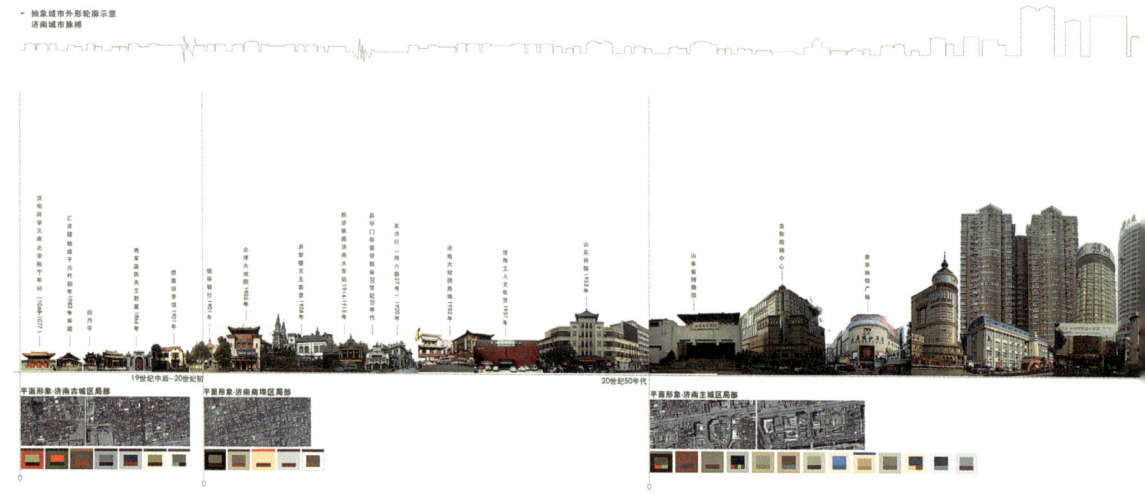

图 3-13 建筑文脉梳理

图 3-14 石头墙基

图 3-15 青石板铺成的街巷

图 3-16 黑色大门

造型更加活泼，往往成为入口门楼最显著的标志[①]。

鸦片战争以后，清朝政府批准济南自开为"华洋公共通商之埠"。由于商埠当局的"华洋杂处"政策，中外商贾皆有权建房，使济南商埠区不同于上海、天津等城市里泾渭分明的租界华界，而成为"中西建筑艺术并置、相互学习借鉴、交流融合的试验田"，也逐渐形

---

① 王新文．姜连忠编著．意象泉城－济南泉城特色标志区规划研究．中国建筑工业出版社．2010年1月

图 3-17 花脊

图 3-18 将军庙天主教堂

成了旧城与新商埠东西并列、中西建筑风格交融混杂、百花齐放的城市面貌。1650年（清顺治七年），西班牙传教士嘉伯乐由北京到济南，在城里将军庙购地始建济南第一座欧式的天主教堂——将军庙街教堂（现存教堂为1866年重建），是最初引入济南地区的西方建筑文化及建筑活动（图3-18）。1864~1866年扩建后，被罗马教廷批准为天主教济南教区总堂。据统计：1840~1911年短短71年间，外国传教士先后在济南地区修建西方宗教建筑及相关建筑活动21次，传教士中有英、法、美、意等国家的教会人员。1902年，清政府允许德国在济南设立商办处，德、美、英等国家先后在济南建造领事馆，伴随着济南"商埠区"

的设立，欧、美各国先后来济涉足商业、娱乐、医疗、邮电等行业，并修建了大量与之相关的公共建筑①。

这些中西文化结合的建筑主要分布在济南市的商埠区及老城区的部分地段，其建筑风貌可分为西式、中式、中西合璧三种。其中，西式建筑多为当时的洋行、领事馆，官员、传教士、商人的居住用房。中式建筑在商埠区以住宅形式居多。中西合璧式建筑最为常见，此类建筑多数保留了中国传统建筑的合院形态，但在细部处理上呈现大胆的西洋风格。如将军庙天主教堂外形上基本采用中国传统的形式，石墙到顶，卷棚屋面，小青瓦覆面，形式朴素。仅在门窗等部位保留着一些西洋建筑的特征（图3-18）。

济南的历史建筑，虽然风格各异，各具特色，但是奠定了济南传统城市灰色系的色彩基调。从济南建筑色彩梳理年表中（图3-19），不难看出济南城市建筑色彩早已突破了传统的色彩，呈现出现代城市的色彩面貌。

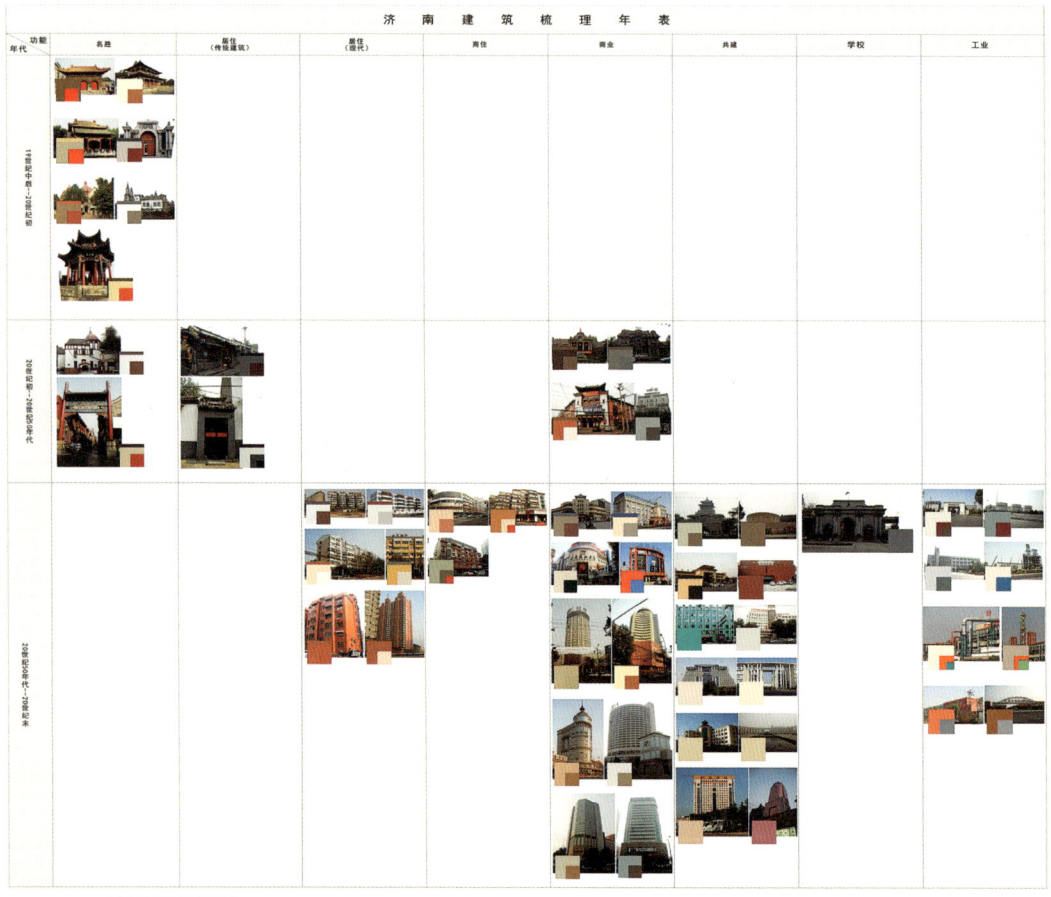

---

① 济南市史志编纂委员会．济南市志（卷1）[M]．上海：中华书局出版，1997．

（二）济南建筑色彩空间构成

在《济南市城市总体规划（2006–2020年）》中，确定济南中心城区的城市空间发展战略为"东拓、西进、南控、北跨、中优"。积极引导城市布局沿东西两翼展开，严格控制城市向南部山区蔓延，适时跨越黄河向北部发展，优化旧城区城市功能，全面提升城市品质。十一届全运会成功举办之后，面对新的挑战，市委、市政府明确提出了"一城三区"的空间发展战略，集中力量抓好"四大区域"开发。在"一城三区"布局中，"一城"主要是指二环路以内的100多平方公里的主城区，以旧城改造为主；"三区"包括120平方公里的西部新城（二环西路以西）、210平方公里的东部新区（二环东路以东）和120平方公里的滨河新区，以新城开发为主攻方向。

济南城市中的历史建筑量较多且较分散，主要集中在以古城区和商埠区为核心的旧城区。建筑类型多元，主要为民居、宗教建筑、领事馆与外国机构、交通邮电建筑、银行及金融建筑、学校、医院、商业及其他服务性建筑等（有些已改变用途）。在建筑形式方面，主要有哥特、罗曼、古典、摩登风格的建筑以及德式、日式、英式所形成的传统建筑、西方建筑、中西交融建筑多元并存的局面。另外，结构形式运用穹窿、悬挑、平屋面等。建筑以砖石结构为主，建筑色彩多保留青砖、红砖或水泥砂浆的原色（图3-20~图3-22）。

济南城区中的新建筑量大，且分布广泛，主要集中在西部新城区和东部新城区。新区建筑色彩，受现代建造技术和高科技建筑材料等因素影响，建筑色彩特色逐渐消减（图3-23）。居住

图3-19　建筑色彩梳理年表

图 3-20　古城区青砖墙　　　　图 3-21　商埠区红砖墙　　　　图 3-22　商埠区水泥砂浆墙面

图 3-23　新城区住宅建筑色彩现状

图 3-24　新城区公建色彩现状

图 3-25　工业区建筑色彩现状

类建筑色彩多采用暖色系，但各小区之间又存在着各自为政、缺乏联系的问题，部分建筑用色过深、过艳，略显压抑。商业类建筑色彩设计无序，存在大型户外广告牌形式、尺度零乱和大面积高艳度色彩滥用的情况。行政类建筑体量较大，部分建筑沿街立面色彩缺乏变化，略显呆板（图 3-24）。工业厂房不考虑产业特点形象趋同，部分建筑喜用大面积艳色。工业区建筑应按照不同业态、不同工业形态进行色彩设计，注重协调沿街单体工业建筑之间的色彩关系（图 3-25）。

（三）济南建筑色彩现况调研分析

色彩规划通过查阅资料、拍摄照片、色卡比对、实物采样、市民访谈、专家访谈等调研方式，对济南的现状建筑色彩进行全面调研，掌握济南建筑色彩现状。并且通过对济南旧城区、新城区整体色彩现况及典型建筑色彩现况的分析研究，了解在不同地形条件和不同区位下，区域色彩的基本概况，并据此分析济南城市色彩在宏观分区层面用色特点和色彩布局特征（图3-26）。通过对不同功能建筑的用色现况分析研究，从不同角度更全面地了解济南建筑色彩现况及特征（图3-27）。

图3-26 各种方式的现况调研

1. 旧城区建筑色彩现况分析

通过调研分析，旧城区建筑色彩主要以中高明度的暖黄、暖红色为主，辅以中低明度、中艳度的冷暖灰色，形成温暖、朴实、稳重的城市基调。深秋的济南，植被色彩丰富，黄绿红相互映衬，总体呈现出中低明度、中艳度的暖绿色调（图3-28）。

为了解析城市色彩元素的色彩特征及分布情况，典型建筑色彩现况还原的方法通过对不同城区典型建筑用色情况的分析可知济南不同功能建筑的用色倾向，了解不同城区建筑色彩的异同。这样既有利于归纳城市色彩特质，也有利于给出适合各分区现况和发展的色彩定位（图3-29）。

泉城色彩
——塑造赏心悦目的城市

图 3-27 调研布点

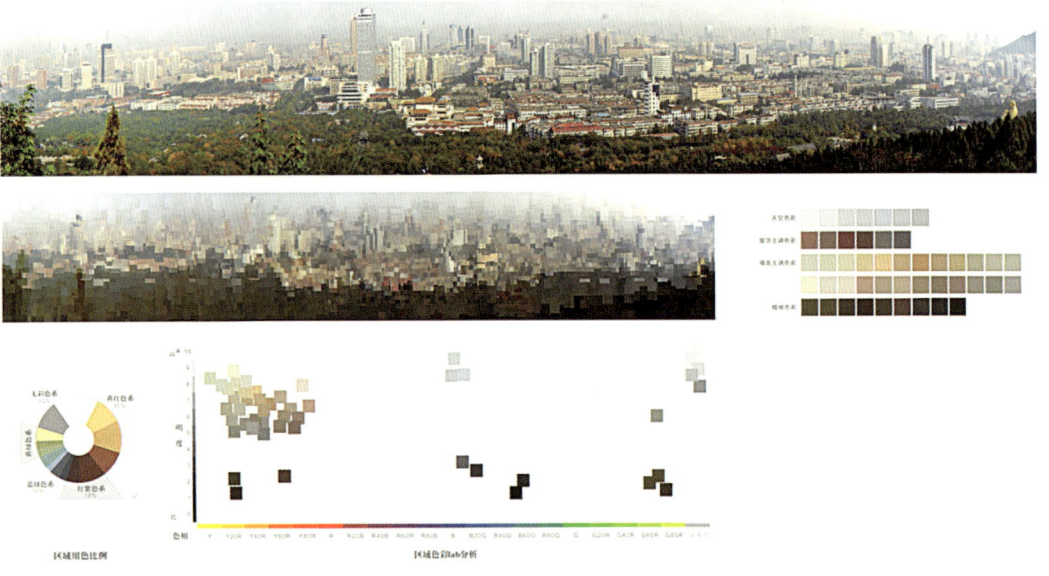

图 3-28 旧城区建筑色彩现状分析

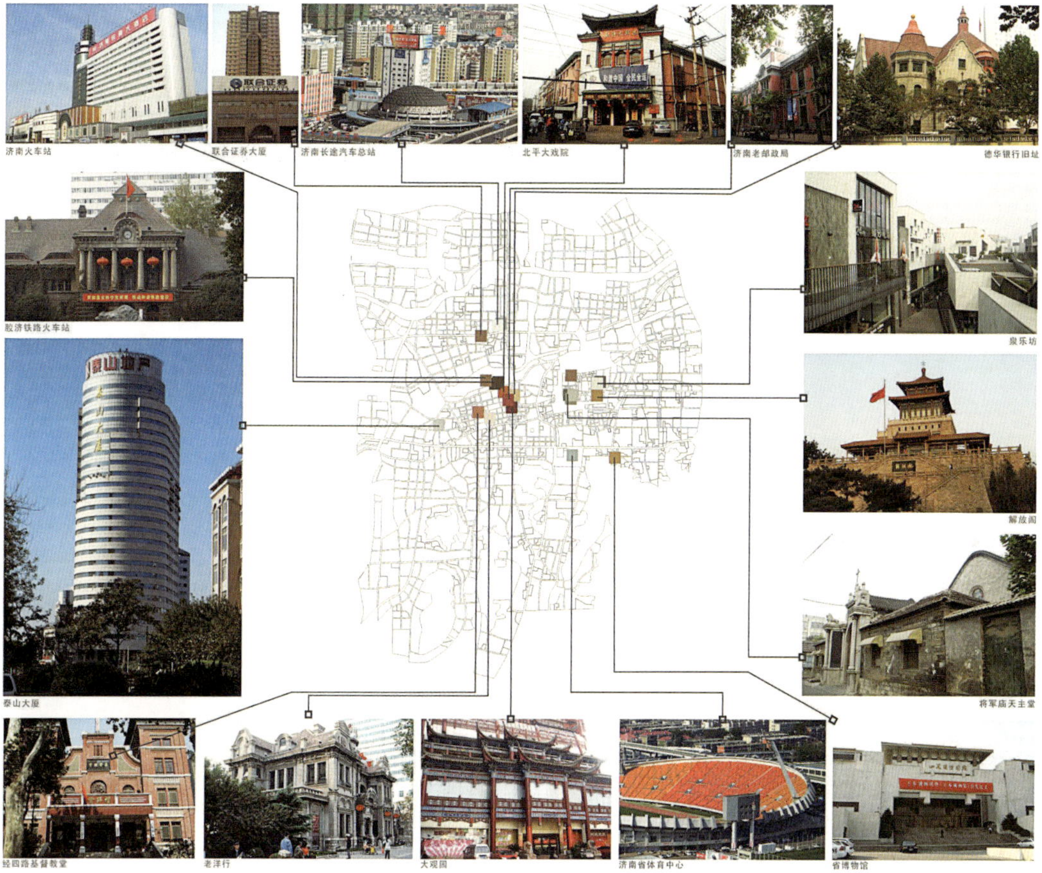

图 3-29 旧城区典型建筑色彩现况

2. 新城区建筑色彩现况分析

通过调研分析，济南新城区主要呈现出中高明度中低艳度的暖色基调，色彩对比呈中长调式。新城区主要以大型公建、高科技园区和新建住宅小区为主。大型公建以中高明度的灰色系为主，而新建住宅小区的色彩则相对活泼，在中高明度的中低艳度的暖色基调之上点缀以中高艳度的颜色（图 3-30~ 图 3-32）。

3. 工业区建筑色彩现况分析

工业是济南的经济支柱之一，工业区色彩在城市色彩中占有重要的地位。通过现况色彩的分析可以看出，工业区色彩集中在中高明度的灰色系和中高明度低艳度的黄褐色系（图 3-33）。

泉城色彩
——塑造赏心悦目的城市

图 3-30 新城区建筑色彩现况分析

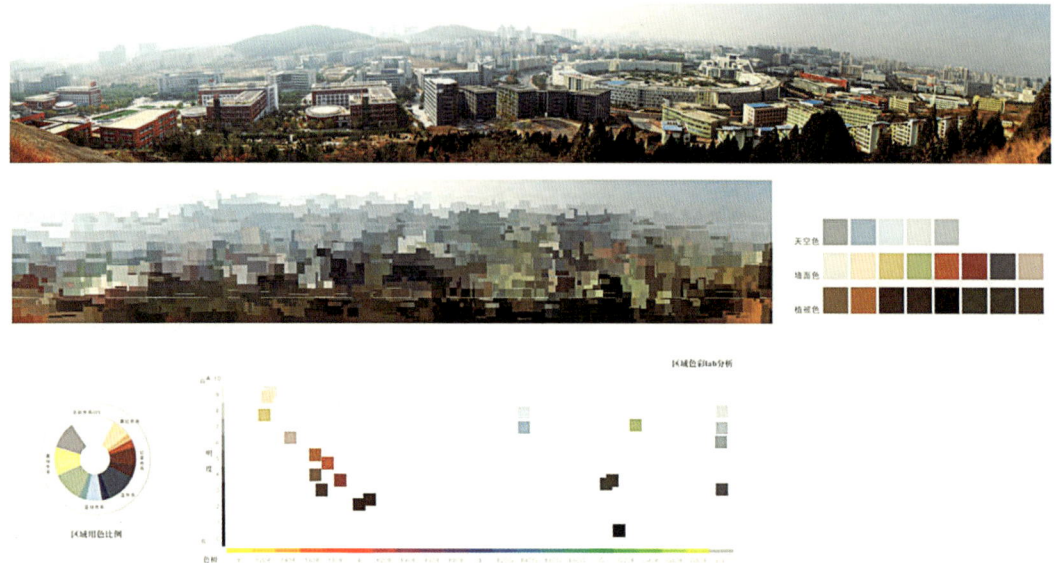

图 3-31 东部城区典型建筑色彩现况

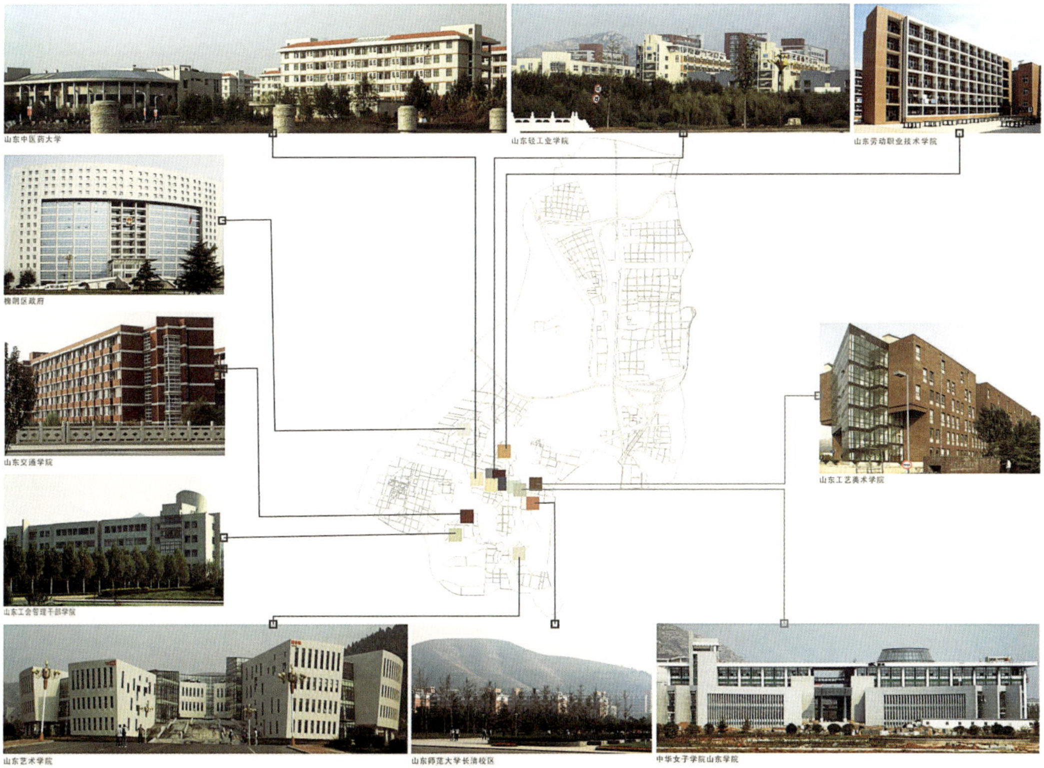

图 3-32 西部城区典型建筑色彩现况

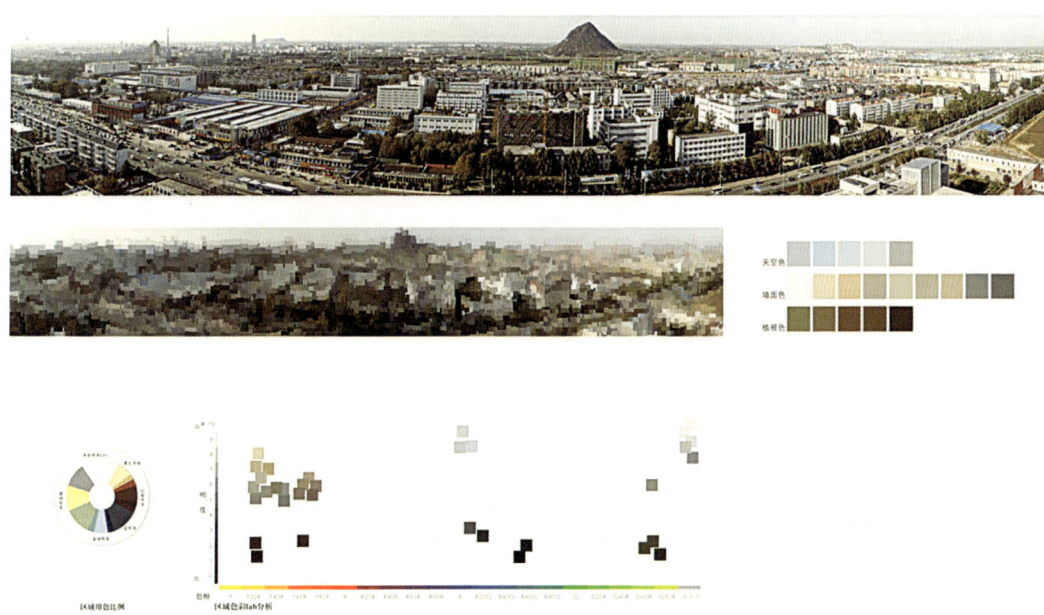

图 3-33 工业区建筑色彩现况分析

4. 不同功能建筑色彩现况分析

对济南单体建筑的色彩分析，旨在解读不同功能类型单体建筑的基本用色状况，从而归纳出济南建筑的用色习惯和色彩特色。从定量分析数据可以看出，红褐和黄褐色系在济南建筑用色中居于主导地位。工业建筑和公建色彩艳度最低，教育类建筑次之，住宅和商埠建筑的色彩艳度有所提高，古城和商业区的建筑色彩最艳（图3-34，图3-35）。

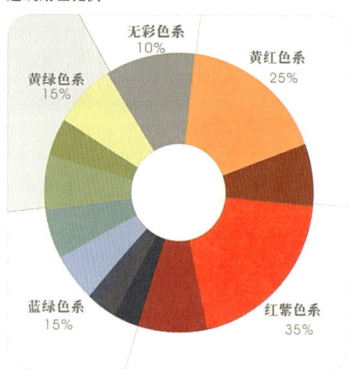

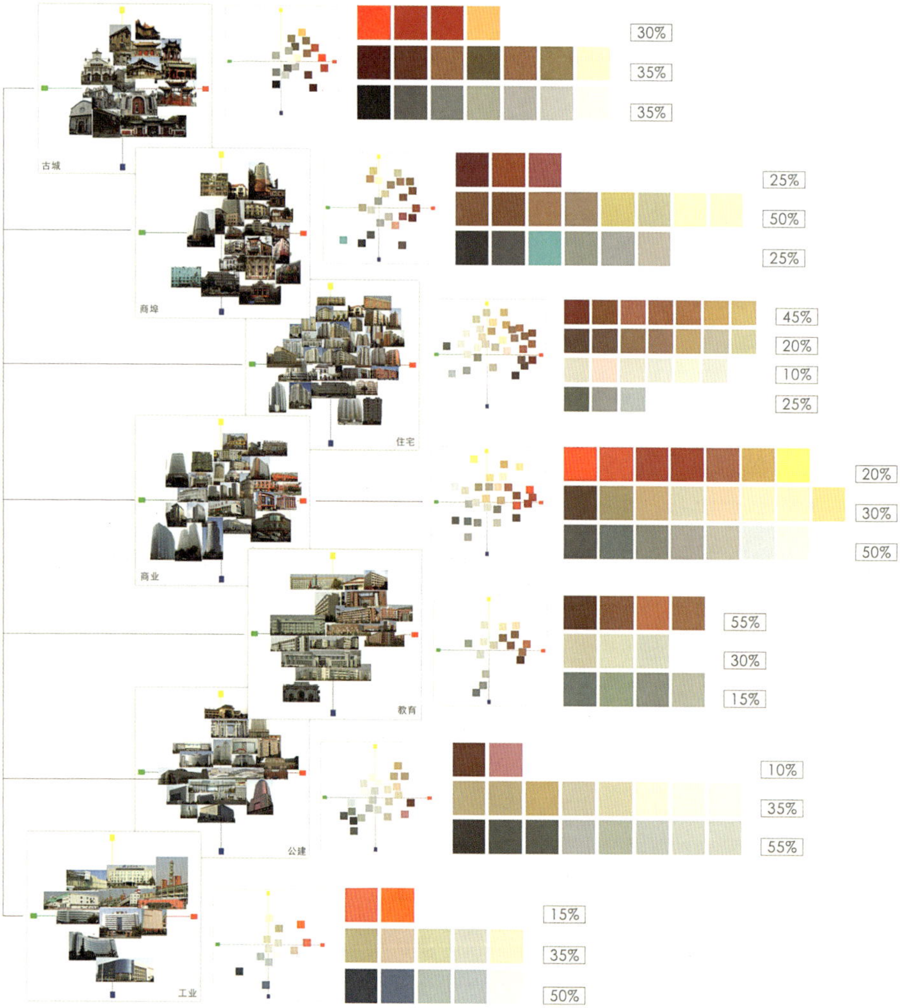

图3-34 建筑用色比例

图3-35 建筑惯用色现况分析

根据调研、汇总结果，可以发现济南整个城市色彩呈现出一种多元、无序的状态，建筑色彩景观整体呈现出暖灰色的基调，但存在着高艳度色彩随意使用问题。从总体上来看，新城区的色彩缺乏联系，特色不明显，而老城区的色彩基调相对比较明显，中低明度、黄灰、红灰色系所占比例较大。这些，正是济南城市色彩景观总体定位的设计依据和切入点。

二、园林绿化色彩

园林绿化也是城市色彩的重要组成部分，其最主要的表现就是色彩艺术，植物多姿多彩，表现形式各异。研究园林绿化的色彩主要从公园绿化和道路绿化两方面考虑。济南的主要公园有五龙潭公园、环城公园、中山公园、百花公园、动物园、植物园、英雄山革命烈士陵园等，每个公园的植物都色彩各异。例如：五龙潭公园，垂柳依依，芳草萋萋；环城公园垂柳笼荫，百花争艳，亭台楼阁点布其间（图3-36）；中山公园，松柏青翠，修竹成林；英雄山革命烈士陵园，松柏竞盛，葱绿苍翠，并有法桐、红枫、黄栌相夹其间，泛黄流丹（图3-37）。济南市的道路绿化也是各具特色，行道树多以法国梧桐或者国槐为主，道路两侧绿化带乔灌木间植，辅以花卉，绿树红花，相映生辉（图3-38）。园林绿化色彩是城市色彩重要的背景色，起到了烘托补充的作用。

图3-36 环城公园垂柳笼荫，百花争艳

图3-37 英雄山革命烈士陵园葱绿苍翠　　　　图3-38 行道树多为法国梧桐

三、城市道路色彩

道路的颜色也是城市色彩要素中不可忽视的组成部分。道路不仅仅是通道，还是组成城市景观的重要构成要素，更是展现城市风貌特色的重要窗口。道路、桥梁及构筑物类色彩载体主要包括：桥梁、立交桥、道路及广场铺装等。舒适、悦目以及与周边环境和谐共存是城市色彩规划的目的与要求。通过对济南市区内的黄河大桥、燕山立交桥、玉函立交桥、八一立交、腊山立交桥、河堤及车行道、自行车道、人行道等地面铺装材料的色彩进行调研分析可得出，济南尚缺乏对路面的色彩表现，基本上都是水泥、沥青等铺设材料的原色，为单调的黑色或灰色（图3-39）。人行道铺装材料主要为灰色砖及部分彩砖（图3-40，图3-41）。

图3-39 沥青路面　　　　图3-40 灰色砖人行道　　　　图3-41 彩色砖人行道

四、城市公共设施色彩

城市公共设施是指为市民提供公共服务的各种公共性、服务性设施。城市公共设施主要包括设施小品、广告招牌等。城市设施小品主要包括：候车亭、路灯、路牌、垃圾箱、广告箱、邮筒、报刊亭、公共座椅、休闲健身设施、雕塑景观等。虽然公共设施色彩在城市色彩环境中所占比例较小，但由于其服务功能性而与人们之间有很强的联系，其色彩的运用，直接反映一个城市对生活品质的关注。而对于其色彩的控制，也成为衡量城市建设和管理水平高低的表征。

图 3-42　济南城市家具小品　　　　　图 3-43　国外城市家具小品

因为，城市公共设施的建设与管理，往往涉及市政、交通、环卫、建设、城管、通讯等诸多大大小小的部门，建立能够整合城市家具的色彩体系异常复杂。

从下面两组图的比较分析可以看出，国外城市家具小品的色彩主调通常都和街道的绿化相协调，同时配色和工艺十分考究（图 3-42，图 3-43）。而济南城市家具小品的色彩品质不高，主要存在如下问题：①城市家具系统缺乏整体规划，区域之间的城市家具缺乏联系，各自为政，工业化产品倾向严重，形象混乱。②城市家具小品形式不够考究，色彩艺术性弱，地方色彩特征淡化。③缺乏以色彩点染景观环境设施的意识，城市家具小品形象与街道环境不协调。而广告、店招的色彩运用水平良莠不齐，比较混乱，注重突出个体的特性，却缺少与周边环境的统一协调。

基于上述三方面的问题，根据济南城市色彩特征和城市形象定位，未来济南城市公共设施的色彩主调可采用低明度、低艳度的色彩，配以中明度、低艳度的辅助色。各个区域城市设施的设置须在整体城市形象定位的基础上，结合各区域特点，展开专项的规划设计，从而提升整体形象。

第三节　人文历史色彩分析

城市的色彩载体丰富多样。除了自然环境、人工环境因素外，人文历史因素在地区色彩景观的形成中也起到了非常重要的作用。不同国家和地区因思想意识、社会风尚、传统习俗、文化艺术、经济技术、民族信仰、风土人情等因素的不同而对颜色有不同的偏好,从而形成风格独特的地域景观色彩。城市生活中的常用色彩、节庆活动的主要色彩、历史文化传统中的色彩偏好和禁忌等构成了城市中的人文历史色彩。因此,与其他因素一样,要了解济南的人文历史色彩,需对该地区的历史沿革、风土人情、宗教信仰等进行全面解读。

一、历史沿革

济南,拥有4600多年文明史和2600多年建城史,是齐鲁文化荟萃之地、国家历史文化名城。2600年前,齐国在此筑城,时称泺邑,是为边防要塞。据说"泺水之源"就是今天的济南趵突泉,战国时,泺邑又被称为历下邑,是因地处历山之下而得名。秦汉时期设"济南郡",郡治设于东平陵(今章丘市平陵城),这是"济南"一名的开始。晋永嘉年间(307~312年),郡治由东平陵移至历城。历城始成为济南地区的政治中心。到隋唐,佛教盛行,在济南地区留存了许多佛教史迹。盛唐时期的济南经济繁荣,社会安定,物价低廉。宋政和六年(公元1116年),济南又升格为府,辖历城等5县,为府治之开端。[①]

明代,置山东行省,济南始为山东首府,是山东布政使司、都指挥使司及按察使司的驻地。清朝,济南府仍为山东省省会,清代末年,通过沿胶济和京沪铁路一带逐步发展出近代工商业,成为中国自开商埠的第一座城市,城市规模急剧扩大。新中国成立后,济南在新的历史时期有了更进一步的发展。而现在的济南是山东省省会,我国环渤海地区南翼和黄河中下游地区的中心城市,国家批准的沿海开放城市和十五个副省级城市之一,国务院公布的国家历史文化名城、中国软件名城、国家创新型城市之一;是山东的政治、经济、科技、文化、教育、旅游中心,区域性金融中心,北连京津,南接沪宁,东西连通山东半岛与华中地区,是环渤海经济区和京沪经济发展轴上的重要交汇点,是全国重要的交通枢纽和物流中心;是第11届全国运动会、第7届中国国际园林花卉博览会的主办城市和第十届中国艺术节的举办城市。

二、风土人情

济南地区是中华文明的重要发祥地之一。相传东夷首领舜率众耕于历下,是济南有人类活动的最早之说。"泺"、"历"等皆为济南古时的称谓,而历山即现在的千佛山。趵突泉边有娥皇、女英祠(约创建于2000年前),又有祀尧、舜、禹的三圣宫。泉水流经的护城河,即北魏时期的娥英河,河水东流,经过舜井街的南端,北为舜井。

---

① 济南市史志编纂委员会. 济南市志(第一册). 北京:中华书局,1999.

济南还是闻名世界的史前文化——龙山文化的发祥地。早在5000年前，该地居民已能制作乌黑发亮的陶瓷，并创造出我国古代以黑陶为代表的龙山文化。区域内有新石器时代的遗址城子崖，有先于秦长城的齐长城，有被誉为"海内第一名塑"的灵岩寺宋代彩塑罗汉、隋代大佛（图3-44）。中国首部诗歌总集《诗经》中有谭人所作讽刺诗《大东》，是现存最早的有关济南的文献。济南孝堂山郭氏墓石祠，是我国现存最早的地面房屋建筑。隋建四门塔为全国现存最古老的石塔，均为全国重点文物保护单位（图3-45）。

济南历史文物和古迹较为丰富，其色彩运用对济南城市色彩形成有重要影响，对城市色彩控制也有积极的借鉴意义。如砖红、土黄的庄重大气，米黄的淡雅明快，灰色的稳重与素雅等，都可以作为城市色彩的有机组成部分（图3-46）。

图3-44 灵岩寺宋代彩绘罗汉像

图3-45 柳埠四门塔

图3-46 历史色彩

图 3-47　济南名士多

"海右此亭古,济南名士多"。著名文人欧阳修、曾巩、苏轼、苏辙、晁补之等均有题咏济南的诗篇传世。北宋著名女词人李清照和南宋词人辛弃疾更是被称为"济南二安",在中国文学史上占有很高的位置。明清两代,济南也涌现出许多著名文人学者,如明代著名的戏剧词曲作家李开先、诗歌流派"前七子"之一的边贡、"后七子"的领袖李攀龙、创作《聊斋志异》的蒲松龄。近现代的历史上,更是出现了老舍、季羡林、任继愈、欧阳中石等杰出的作家和学者。著有散文《济南的春天》、《济南的秋天》、《济南的冬天》、《三个月来的济南》、《趵突泉》及小说《大明湖》等作品的老舍,把一个山水秀丽的济南,活脱脱地写进他的散文里。济南的艺术成就也相当可观,出现了武汉臣、康进之等戏剧作家,刘敏中、张养浩等散曲诗人,以及《河源记》的著作者潘昂霄。元代画家赵孟頫的水墨丹青名作《鹊华秋色图》,更是向世人展现了一座古韵敦厚、山灵水秀、烟柳画桥的北方名城。众多文艺作品对济南的用色灵动飘逸,使人脑海中浮现出一幅山明水秀、湖光山色的山水画,色彩形象的描绘概括来说就是"清新淡雅"。

近代,济南大明湖和大观园周边也成为山东曲艺的发源地,和北京、天津一起成为中国北方曲艺的三个重镇,被称为曲山艺海。山东快书和吕剧虽都不是在济南产生,却都是以济南这个平台为基础推向全国。还有"东舍坊高跷",红极一时的"梨花大鼓",土生土长的济南特色剧种"五音戏"等具有地方特色的曲艺。民俗活动趵突泉灯会、大明湖庙会、千佛山山会、明湖荷花节、皮影戏、闹元宵、鲁绣、泥塑、面塑等无不是济南普通市民日常生活遗存、传统生活习俗的缩影和市井文化的代表。这些珍贵的历史文化遗存都有着自身活泼而艳丽的色彩,是济南民俗生活极富代表性的符号(图 3-48)。

三、民族宗教

中国是个多民族的国家,不同的民族有不同的传统习俗,所崇尚的颜色也不同,例如汉族特别偏爱使用红、黄两色。不同的民族属性往往具有不同的宗教信仰,而不同的宗教信仰

图3-48 人文色彩

也往往影响着人们所崇尚和偏好的颜色。例如，佛教的教义中规定，佛寺刷红色，白墙面上用黑色窗框，红色木门廊及棕色饰带，红墙面上则主要用白色及棕色饰带。屋顶部分及饰带上重点缀镏金装饰或用镏金屋顶。伊斯兰教的各类清真寺，建筑色彩多是清丽风格，多采用蓝、绿色，使得清真寺在总体环境氛围和建筑空间上都保持着一种清新的格调，反映了伊斯兰教所追求的清净与纯洁[①]。

济南是一个多民族聚居的省会城市，现有少数民族48个，人口11万余人。其中，回族占少数民族人口的89%，回族、满族、蒙古族、哈尼族、朝鲜族、苗族、壮族、维吾尔族、彝族、藏族等十个少数民族占济南市少数民族人口的98.42%。少数民族人口分布呈现大散居、小聚居、交错居住的特点。而多民族聚居的特点决定了其宗教信仰的多元化，信仰涉猎佛教、基督教、天主教、道教、伊斯兰教等。

济南的宗教建筑大都隐于青山绿水之中，鲜明的色彩与青山绿水相得益彰，例如千佛山的兴国寺与大明湖的北极阁（图3-49，图3-50）。基督教堂、天主教堂多分布于市区内，建筑造型优美，建筑色彩与周边环境和谐融为一体，成为城市的标志性景观，例如洪家楼天主教堂与经四路基督教堂（图3-51，图3-52）。

---

① 张卫，喻金焰．佛教建筑与伊斯兰教建筑色彩初探．西安建筑科技大学学报（社会科学版）．2009（03）．

图 3-49　千佛山兴国寺

图 3-50　大明湖北极阁

图 3-51　洪家楼天主教堂

图 3-52　经四路基督教堂

第四节　城市特色色彩分析

  一个城市或地区所具有的山脉、河流、湖泊等城市空间环境及空间形态对城市景观的形成具有重大影响。济南是一座美丽的城市，它既有名泉之秀，又有湖山之韵。清人刘凤诰撰写的著名楹联"四面荷花三面柳，一城山色半城湖"高度概括了济南湖山辉映一体的独特风貌。"山、泉、湖、河、城有机融合"的自然景观特征及城市空间特色是济南独有的城市特色，通过分析这些具有济南特色的城市背景色彩，可以帮助找到最适合济南的人工环境色彩。

一、山

  济南的山是泰山山脉的余脉，城里城外，青山绵延，形成了"青山入城、城中有山"的独特地理环境。城南的千佛山等层峦起伏的群山，是泰沂山脉的西北支，泰山北麓的余支，座座山峰犹如一扇扇绿色的屏风，秀丽天成（图 3-53）。"齐烟九点"在济南北部呈一大月牙形，

图 3-53 绿色屏风

每座山皆立于平川之上，互不相连，成为现代城市中难得的城中山，"古千佛屏障于南，其他环城而峙"。

千佛山，山高虽只有 285 米，但风景优美，名胜古迹荟萃，并与东西两边的佛慧山、会仙山携手相连，形成了巨大的锦绣画屏，尽显"一城山色"的壮丽风光。千佛山不仅以悠久灿烂的佛文化、舜文化闻名于世，更以其多彩的四季之景倾倒万千。清代刘鹗在他的《老残游记》中所描绘的："只见对面千佛山上，梵宇僧楼；与那苍松翠柏，高下相间，红的火红，白的雪白，青的靛青，绿的碧绿，更有那一株半株的丹枫夹在里面，仿佛宋人赵千里的一幅大画，做了一架数十里长的屏风"。千佛山四季变换的色彩为城市形成了美丽的背景（图 3-54）。

历史上由千佛山向北眺望，可看到黄河及自西向东排列的匡山、粟山、北马鞍山、药山、标山、凤凰山、鹊山、华山和卧牛山这九座青灰色的小山，这一景色被称为"长河一线，齐烟九点"（图 3-55~图 3-57）。游人站在大明湖北岸鹊华桥上向北可望到济南北郊遥遥相对、朦胧隐现于烟雨之中的鹊山和华山，即为历下八景中的"鹊华烟雨"（图 3-58）。济南的山若隐若现在城市的背景中，而泉水汇集成湖，湖光山色秀美。这些城市内的美景都像山水画一般，色彩淡雅而隽永。

图 3-54　千佛山

图 3-56　鹊山

图 3-55　药山

图 3-57　华山

图 3-58 鹊华秋色图

二、泉

济南,又名"泉城",素以泉水众多而闻名于世。除"泉城"外,济南也常常被称为"泉都",泉水储量之大,涌姿之绮丽,水质之甘冽实属罕见,因而古有"齐多甘泉,甲于天下"的赞语。据统计主要有四大泉域,十大泉群,733个天然泉,在国内外城市中尚属罕见,是天然岩溶泉水博物馆。通过对泉的解读,我们可以领悟到济南那种与自然和谐共生的城市精神,感受由这种精神所引领的深厚城市文化底蕴。泉,不仅是济南城市形象的象征,更是人文环境与自然环境互相结合的产物。

(一)名泉梳理

济南城内百泉争涌,向有名泉七十二之说。其实,历代诸家所记不尽相同。济南泉水亦不止72处,仅市区就有大小泉池百余处。趵突泉、黑虎泉、珍珠泉、五龙潭四大泉群是济南72泉的主要组成部分,其他的则"隐居"于济南辖区内的其他地方(图3-59)。七十二泉之说,源于《齐乘》一书所载的金代《名泉碑》,所谓趵突、五龙、百脉、豆芽、黑虎、金线、皇华、柳絮、卧牛、东皋、漱玉、无忧、石湾、酒泉、湛露、满井、北煮糠、散水、溪亭、濯缨、灰泉、知鱼、朱砂、刘氏、云栖、登州、望水、洗钵、浅井、马跑、舜井、珍珠、香泉、鉴泉、杜康、金虎、黑虎、东蜜脂、西密脂、孝感、玉环、罗姑、混沙、灰池、南珍珠、芙蓉、滴水、灰

① 五龙潭	⑪ 西蜜脂泉	㉑ 登州泉	㉛ 黑虎泉
② 月牙泉	⑫ 双忠泉	㉒ 杜康泉	㉜ 玛瑙泉
③ 贤清泉	⑬ 满井泉	㉓ 马跑泉	㉝ 濋泉
④ 玉泉	⑭ 卧牛泉	㉔ 老金线泉	㉞ 散水泉
⑤ 古温泉	⑮ 漱玉泉	㉕ 柳絮泉	㉟ 珍珠泉
⑥ 回马泉	⑯ 皇华泉	㉖ 无忧泉	㊱ 溪亭泉
⑦ 天镜泉	⑰ 趵突泉	㉗ 白石泉	㊲ 腾蛟泉
⑧ 官家池	⑱ 石湾泉	㉘ 九女泉	㊳ 王府池子
⑨ 濂泉	⑲ 湛露泉	㉙ 舜井	㊴ 芙蓉泉
⑩ 虬溪泉	⑳ 望水泉	㉚ 琵琶泉	㊵ 玉环泉

济南老城区泉眼位置分布示意图

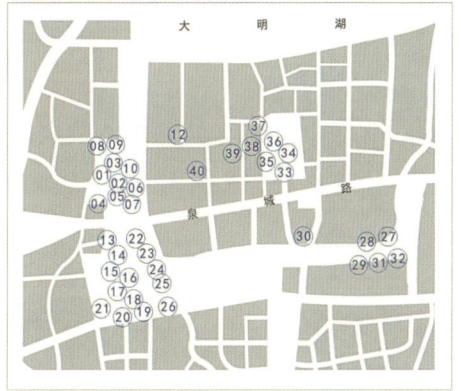

图 3-59 济南老城区泉眼位置分布示意图

湾、悬清、双桃、温泉、汝泉、龙门、染池、悬泉、都泉、柳泉、车前、煮糠、炉泉、白虎、甘露、林汲、白泉、金沙、白龙、花泉、独孤、醴泉、浆水、南煮糠、苦苣、熨斗、鹿泉、龙居，合章丘百脉，总七十二。

济南泉水不仅多如繁星，而且各具风采，或如沸腾的急湍，喷突翻滚；或如倾泻的瀑布，狮吼虎啸；或如串串珍珠，灿烂晶莹；或如古韵悠扬的琴瑟，铿锵有声……使得历代文人为之倾倒。历代名人如欧阳修、曾巩、苏辙、赵孟頫、王守仁、李攀龙、王士祯、蒲松龄、老舍、郭沫若等，都留下了赞泉的诗文。这些泉水，或以形、色、声、姓氏、传说、动植物、乐器、珍宝取名，或无名而名，各具情趣。由此可见济南的泉水不仅有自然的美，而且更有人文的美（图3-60）。

图3-60 济南名泉梳理

（二）"泉"的色彩归纳

泉，是古城的根。泉，是新城的魂。济南的泉，不仅有趵突水涌若轮，黑虎波澜喧腾，珍珠晶莹澄澈的千姿百态，更有"明月松间照，清泉石上流"的诗意画境。七十二名泉蕴含着丰富的色彩，从黑虎泉、珍珠泉，到朱砂泉、玛瑙泉，再到青泉、柳泉，呈现出灰、白、赤、黄、青等五大中国传统色域，反映出泉城的传统色彩观念（图3-61）。

图 3-61 泉的色彩归纳

三、湖

济南的泉水汩汩流出汇成溪流河水,"一衣带水环城柔,十里平波绮梦悠"。护城河蜿蜒在城市中心犹如一条绿色的飘带,串串喷涌的泉水犹如颗颗珍珠,最终汇入大明湖那烟波浩渺的怀抱。大明湖以她的平安、祥和包容着这一切,同时却又向世人展示着她的风华绝代。历史上,大明湖、北湖、鹊山湖(华山湖)、龙湖(鹊山)、小清河之间互为连通,飞鸿翔鹤,远势盘空、田野阡陌、水村渔舍,济南北部好一派湖光浩渺,碧波万顷的风光。如今规划的华山湖、鹊山龙湖与北湖将使山水相连,改善城市的山水环境并延续济南的历史文脉。

大明湖历史悠久,是历代名士荟萃之地,这里纪念古人政绩、行踪的胜迹随处可见。济南八景中的鹊华烟雨、汇波晚照、佛山倒影、明湖泛舟均可在湖上观赏。大明湖一年四季美景纷呈(图 3-62)。"一城山色半城湖"是对济南景色的描绘,概括了古时"泉城"济南的城市格局。"湖光山色"是济南美景的真实写照,人们对济南这个城市的印象中,"湖光山色"占据了很大的比重,为济南增添了独特的一抹色彩。色彩规划中应继承和发扬这种"湖光山色"的城市特色,使之成为济南城市色彩的特点(图 3-63)。

图 3-62 大明湖夏季美景

图 3-63　大明湖与城市融合在一起

四、河

  河是济南城市的血脉，泰山余脉丰富的地下水浸出了济南神形各异的河，就如同飘飘丝带缀明珠，共同构筑起了济南独特、灵动的水系画卷。老舍说过"哪儿的水，能比济南？"。济南的河就是这样神奇而又美妙，它流淌成了济南的血脉，顾盼出了济南的熠熠光辉，造就了济南潇洒似江南的城市品格。因为她的浸润，济南这座古城洋溢着隽永俊秀，充满诗情画意；因为她的滋养，济南这座名城繁华而不失清幽，厚重而不失灵韵。

  在繁华的城市中间，黄河在济水故道上以曲折的情丝漫溯，带着太阳的光泽穿行济南城北（图 3-64）。与黄河并肩而行的是美丽的小清河。历史上的小清河风景秀丽，流水潺潺，舟楫林立，商贾如云。虽然小清河曾经一度饱受污染，但是在济南人的不懈努力下，小清河又重新崭露头角，重现夹岸绿荫笼波，河内画舫畅游的景象（图 3-65）。

图 3-64　黄河

图 3-65 小清河

济南城内河网水系众多，由南往北为黄河、小清河。由东到西有十余条常年性河流和排泄山洪的季节性河流。南部的雨水泉水顺着南高北低的地势，汇集北流，向北注入了明湖清河，流进了黄河的怀抱。济南的河流就像一把梳篦，梳理着这座城市的古往今来。因此河流两岸的色彩不仅应该体现滨水区的特色，还需要传承厚重的历史文化色彩，充分考虑河流旁城市色彩的特点，营造出景色宜人的滨水环境。

五、城

济南之所以成为一个让人们喜爱的城市，其中一个重要的原因是它既保留了一座具有传统风格的古城，又容纳了一座体现西方近代风格的商埠新区。作为一座千年古城，从西晋永嘉年间济南治所移至历城到20世纪初，1700多年来，济南城市格局及规模几乎没有发生多大变化，城区范围仅限于护城河内的老城及关厢一带。1904年济南开埠后才形成古城和商埠两部分。1945年前是济南形成近代化城市的重要时期，40余年的发展超过了以往千年的规模，济南也形成了老城的政治、文化中心与商埠的交通、商业中心两部分。东西两城功能明确、风格各异，相得益彰。在古城的几座新式建筑中，我们能隐约地感到外来风气的影响；而在商埠的新区中，又不时能体现出老城的传统文化韵味。[1]

济南的古城有上千年的历史，古城历经封建社会的朝代更替变化，从元朝奠定了城基，明朝形成了古城，清朝增建了外城，城池位置没有较大迁移改动，千年人文气象一脉相承。济南古城是百姓的城，"家家泉水、户户垂杨、泉池密布、斜街曲巷"，泉水串流于小巷民居之间。济南的古城外有南山北水，内有水巷堂宅，既不失北方城市的浑厚硬朗，又具有江南水乡般的温润秀美。"山光扫黛水挼蓝，济南潇洒似江南"在柔情似水的城市风貌中多了几分阳刚之美，形成了极富特色的千年古城、北城南相。古城的色彩延续了中国传统建筑的色彩，官署区、

---

[1] 山曼. 济南城市民俗[M]. 济南：济南出版社，2002.

宗教场所及文庙用色鲜艳,但民居一般使用灰色的青砖青瓦和木材为建筑材料,所以色彩清丽淡雅(图3-66~图3-69)。

商埠区作为山东地方当局主动与西方近代文明融合碰撞的产物,是济南自主近代化的历史见证,体现了济南近代城市规划、建设、管理制度的高水平。开埠以后,工商业经济迅速发展,大众娱乐文化及商业文化也随之兴起,曲山艺海,商海传奇,它们本身也成为了百年商埠文化的重要组成部分。经纬分明的小网格城区格局,绿荫婆娑尺度宜人的道路,丰富多样的德式、

图 3-66 德王府

图 3-67 府学文庙

图 3-70 原胶济铁路济南站

图 3-68 状元府

图 3-69 平泉胡同

日式及中西合璧的近代建筑类型及风貌，具有不可复制的历史和地域特色。西式建筑用地一般较大，绿化条件较好，环境幽雅，建筑的色彩大多是建材本身的色彩，与周围的环境相协调。例如现存较好的原胶济铁路济南站，建筑平面呈"一"字形，东西向布置。整个建筑以灰黄色饰面为主，灰白色整砌蘑菇石墙基，灰红色瓦屋面，使色调富有变化，体现出质朴又庄严的风格，代表了商埠区典型的建筑色彩（图3-70）。

虽然古城与商埠风格各异，各具特色，但是却奠定了济南传统城市色彩的基调。现代城市色彩需要延续传统色彩的文脉，才能不致使城市色彩失去历史的根基。

第五节 色彩愿景分析

一、国际类比城市

要明确城市的色彩愿景，需要站在国际平台，选取合适的参照城市，来思考城市色彩的定位问题。为了使选取的国际案例有可比性，从以下几个方面锁定国际案例：

（1）从地理位置入手，选取纬度相近的城市进行比较。在此选择同处亚洲的日本京都来进行分析。

（2）从地形地貌入手，选择与济南所处地形地貌相类似的城市进行比较。瑞士的卢塞恩，有着和济南相近的地形地貌，借此可以研究地形地貌对城市色彩的影响和制约。

（3）从城市形象入手，选择与济南城市形象相似的城市进行比较。通过许多城市的比较，最后锁定西班牙的巴塞罗那，借此来探讨济南城市色彩特色的营造。

（一）同纬度城市——日本京都

日本京都是历史古城。古城历史维护与现代都市化是京都的两个基本发展方向。这种发展方式对济南有较大的借鉴价值。一方面要延续悠久的历史传统，另一方面要实现城市的现代化发展。透过京都，可以看见此类城市的色彩基调与其传统色彩文化是有关联的。京都宏观城市色彩，其基调呈冷灰色系，中低明度中低艳度的暖色点缀其中，色彩组织以中长调式为主。将这种色彩面貌，与京都传统的色彩组织形式相对比，不难发现二者一脉相承。此规律给予色彩规划确定济南城市色彩主旋律的启示。

京都中观城市色彩，可以看清城市色彩的组织形式。通过图3-77色彩分析可以看出，京都城市色彩在冷灰基调之上，点缀以暖调重色。色彩组织方式与济南城市色彩的色彩组织调式相似，所不同的只是基调的调性不同而已。换而言之，通过京都城市色彩案例可以说明济南采用"暖灰重彩"的色彩组织形式是合理的。

墙面主调色是对城市建筑色彩的解读。通过京都建筑墙面主色调的分析可以看出,其墙面色调包括由高明度到中低明度的冷灰色系和由高明度到中低明度的黄褐色系。其中,冷灰色系占主导地位,黄褐色系居于点缀地位。相对而言,济南建筑色彩也以暖灰色系为主调,中低明度、中低艳度的红褐色系居于点缀地位。

图 3-71　日本京都城市基调色(远景)

图 3-72　日本京都区域色彩组织(中景)

图 3-73　墙面主调色(近景)

图 3-74　卢塞恩鸟瞰

(二)类似地形城市——瑞士卢塞恩

选取与济南所处地形地貌相似的卢塞恩作为借鉴案例,是为了说明城市色彩与地形地貌之间的关联。通过对卢塞恩色彩的分析,我们可以归纳出城市色彩与地形地貌之间的如下关系原则:

(1)和谐原则:城市色彩应与所处自然环境的色彩协调,才能营造出和谐的色彩氛围;

(2)因地制宜原则:城市色彩应根据周边自然环境色彩变化而产生相应的变化。通常而言,傍山区域的色彩和临水区域的色彩会存在一定的差异;

图3-75 卢塞恩傍山区域色彩分析

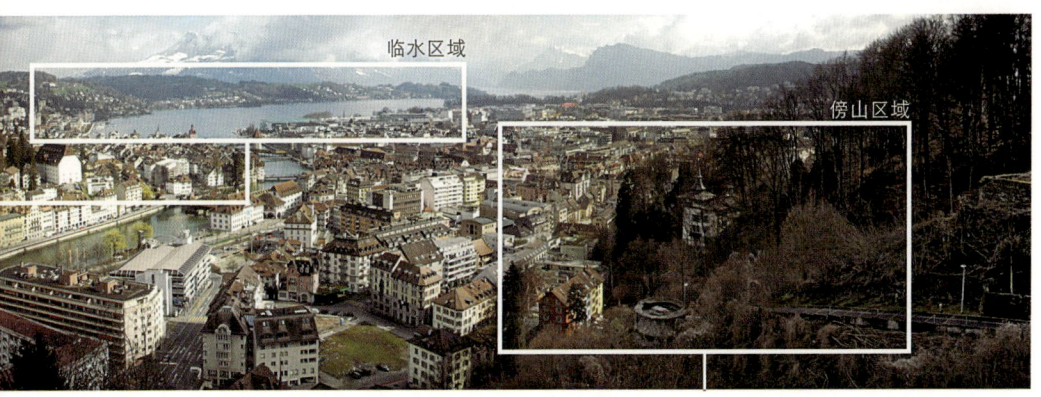

图 3-76　卢塞恩临水区域色彩分析

　　（3）变化统一原则：营造统一的色彩效果，并不意味着使用单一的颜色。具有一定色调倾向的城市色彩，实质上是由一组在调性上存在一定差别的颜色构成。

　　了解这些关系，能够帮助我们更加深刻地认识济南城市色彩同地形地貌之间的关系。对城市色彩定位和色彩规划定调都有借鉴意义。

　　临水区域色彩基调相对于傍山区域色彩基础偏冷，色彩以中高明度、低艳度的黄灰色系为主，与水系和植被等自然环境色彩呈中长调式对比关系。由于水系色彩偏冷，建筑色彩也相对偏冷，二者色彩效果较协调。

　　傍山区域建筑色彩基调为暖灰色系，调式为中长调。它与山体植被等自然环境的色彩呈中长调对比关系。建筑色彩集中于中明度中低艳度的黄褐色系。

　　（三）配色类似的城市——西班牙巴塞罗那

　　巴塞罗那的城市色彩主调鲜明。以中低明度的黄褐色系为基调，屋顶与墙面色彩呈中长调式。建筑墙面色彩以左图所示的红黄色系为基本色，由这些颜色形成的红黄搭配，是巴塞罗那城市色彩基本的配色方式。

　　特色鲜明的城市，其色彩面貌也往往非常有特点。通常而言，有特色的城市色彩通常会有明显的色调倾向和典型的色彩搭配组织。以巴塞罗那为例，其城市色彩呈现出中低明度的红褐色基调。而且，红黄搭配成为其典型的配色方式。济南城市色彩调研发现，从传统到现

图 3-77 巴塞罗那鸟瞰

图 3-78 巴塞罗那建筑图组　　图 3-79 巴塞罗那建筑色彩分析

图 3-80 济南鸟瞰

代的城市色彩中,都有大量红黄色系搭配的建筑,红黄搭配成为其典型配色方式。基于此特点,我们将济南和巴塞罗那进行比较分析,可以探讨红黄配色方式对于济南城市色彩特色形成的意义和作用。

尽管将两个城市进行比较,但并不意味着要将济南向巴塞罗那的方向引导。同样是红黄搭配,由于地理环境、文化背景和国情差异,济南必然会运用红黄搭配形成适合其自身特点的城市色彩面貌。

济南城市现况色彩彩度较高,色相类型较多,但多集中在中低明度、低艳度的暖灰色系。通过调研发现,红黄色搭配,在济南建筑中较为典型。不同明度、艳度的红黄以及红褐、黄褐色系的搭配,构成济南典型的基本配色方式。

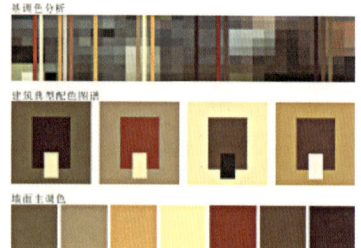

图 3-81　济南建筑图组　　　　　　　　　　　　　　图 3-82　济南建筑色彩分析

二、色彩规划与市民需求

济南虽然城市历史悠久、文化底蕴深厚、社会经济发展、地域风貌特色明显，然而在城市现代化进程中，现代建筑中标准化的预置配件、金属构件、玻璃幕墙等造成了现代建筑色彩的弱化和趋同，一定程度上削弱了城市色彩个性，导致了城市色彩出现相对混杂的局面。虽然在一些历史文化街区还有一定的色彩特征，但是色彩的秩序已经开始受到周边新建建筑的破坏。新城区的建筑色彩趋同且混乱，掺杂其中的旧村尤其显得杂乱。如何更加突出城市特色，提高城市品质，打造精品工程，对于济南城市规划主管部门，是目标，也是色彩理想。

通过开展济南城市色彩规划研究，既为城市规划主管部门提供设计和管理城市色彩科学的理论依据与系统方法，又能探索济南城市色彩的定位与营造策略，扩展城市规划管理内容，丰富城市规划管理手段，建立城市色彩管理方法体系。通过规划城市色彩，展示济南城市的传统建筑色彩特征，突出城市风貌特色。以色彩的标志作用来表现城市功能区、建筑类型和性质，完善济南城市标识系统，彰显现代化城市的面貌，积极影响城市居民的心理健康和情绪，提升济南城市人居环境质量。

城市色彩的载体有很多，但感知主体却只有一个，那就是生活在这所城市里的居民。因此，进行城市色彩规划研究的最终服务对象也是生活在这里的居民。济南作为政治、文化中心，学府林立，各种文化兼容是其明显特征之一。官方文化、知识分子文化和市井文化处于多层共生状态，同时又和其他外来文化融会贯通，形成了独特的济南城市文化。济南具有精英知识分子和齐鲁传统文化相结合构成的"大雅大俗"的城市文化特征。色彩和人的性格有密切的关系，济南人的性格魅力是"兼容并蓄"。当代济南人既具有重感情、憨厚、朴实、热情、大度、不排外的性格优势，同时又有好面子、保守等性格弱点。利用好这些因素，扬长避短有利于提升济南人的品牌形象，有利于增强城市的吸引力。

不同性别、年龄、性格、习惯以及不同文化教育程度、宗教信仰、个人经历、健康状况的人对色彩的感知是不同的。和谐的城市色彩让人心情愉快。济南作为山东省会城市，是政治、经济、文化中心，人口构成复杂，其人口性别、年龄、素质结构等高低不同。这就需要在城市色彩规划分析研究时，加强公众参与，将居民的建议及色彩期许作为规划编制的重要参考依据之一。通过问卷调查等方式加强公众参与，从而提高市民的满意度、认同感，提高人们对城市的美誉度和自豪感等。从百姓到官员，从平民到精英，许多热情的济南市民通过各种渠道关心济南城市色彩的问题，规划管理部门也收到了许多有益的建议，这些都建议体现出广大市民对济南城市色彩规划工作的关心与参与。

第四章　济南城市色彩形象的建立

　　虽然在每个人的心目中城市色彩没有具体的形象，但是城市色彩会以一种无形的力量左右人们对城市的印象。因此城市色彩规划的目标之一就是通过规划，建立城市的色彩形象。尽管这一形象是抽象的，但色彩规划可以通过色谱谱系、文字等有形手段将其描述出来，建立理想状态下的济南城市色彩模型，为下一阶段色彩规划方案的推导和管理导则的编制提供依据，以此来引导城市的色彩向理想的方向发展，从而建立起规划所确立的城市色彩形象。

第一节 济南城市色彩总谱的推导

一、城市色彩谱系归纳

(一) 城市传统色彩谱系归纳

济南城市色彩是济南居民对地域自然环境和人文环境的选择化合而成的产物。具有济南城市特质的色彩是济南地域传统的色彩观念在历史发展过程中逐渐积累、定型的色彩特质。济南城市色彩的演变，由此色彩主导，并向着"济南特色"的方向发展。通过对济南历史遗存的全面观察，可以归纳出墙面、屋顶和点缀三大类色彩。将这些色彩按照色度学规律编谱，便形成了色彩谱系，成为城市色彩规划的基础（图 4-1）。

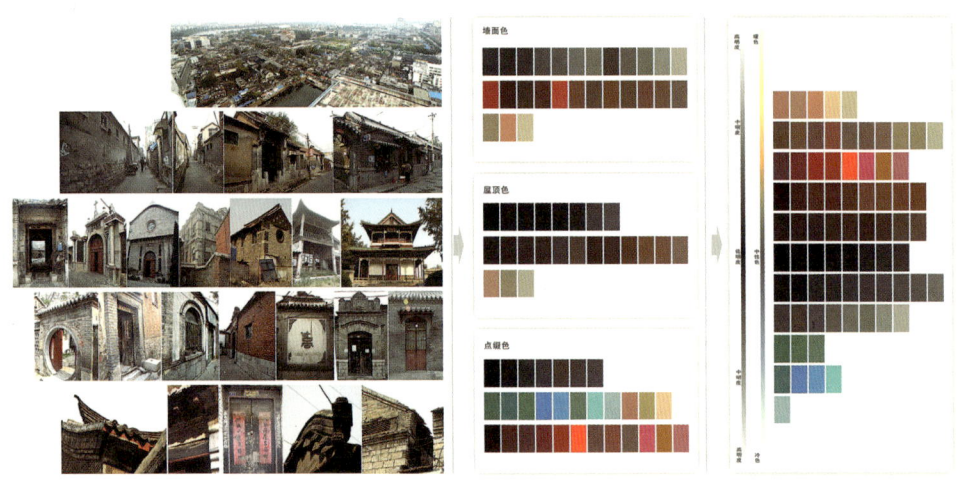

图 4-1 传统色彩谱系提取

(二) 城市现况色彩谱系归纳

1. 城市现况色彩汇总

将调研所得的现况色彩汇总整合，进行色谱化呈现，以此反映济南城市整体色彩感觉与印象。从汇总色谱可见济南城市色彩呈暖灰色基调，现况中一些高艳度的冷色与基调不协调，需要加以调整（图 4-2）。

2. 城市现况色彩的筛选

根据现况色彩与城市基调色彩的和谐程度，对济南现况色彩进行梳理和筛选，选出不适合作为主调色的色彩，将其归为需要谨慎使用的色彩。而相对符合城市基调定位的合理颜色，则列为适用色谱，作为下一步规划的依据（图 4-3）。

泉城色彩——塑造赏心悦目的城市

图 4-2 现况色彩汇总

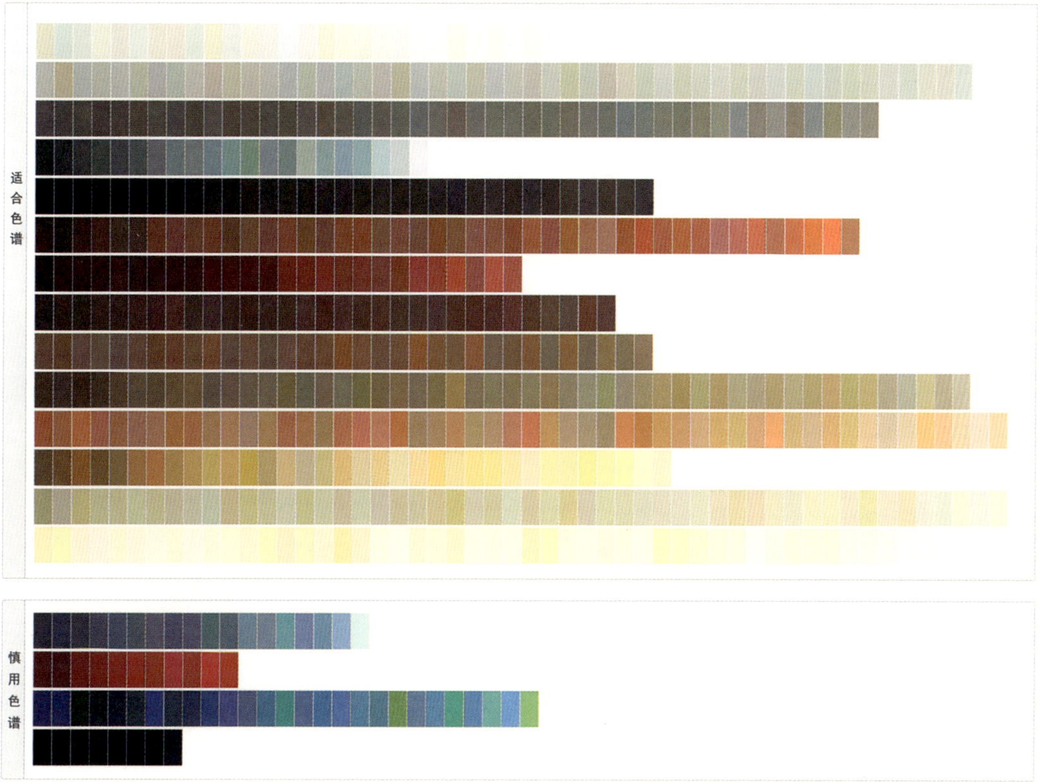

适合色谱

慎用色谱

图 4-3 城市现况色彩筛选

3. 城市现况色彩谱系推导

不同时代有不同的城市色彩。传统色彩遭遇今天物质文化条件冲击的现实情况，是色彩规划发现问题、找到机遇、提出对策的基本出发点。通过传统与现况的对比可以发现，尽管现况色彩中夹杂着一些具有时代特征的色彩，比如蓝玻、绿玻、涂料色等，但城市整体色彩面貌依然呈现出与传统色彩相似的色彩特征，影响着整体城市色彩的面貌（图4-4）。

（三）未来城市色彩谱系归纳

城市色彩是动态发展的。在我国的城市化进程中，济南城市色彩将向着多元化、高彩度的方向发展。通过对城市色彩的摸底和城市发展定位的解读，规划尝试锁定若干符合济南城市发展愿景的城市色彩案例，从定位济南城市色彩主旋律出发，探索出属于未来济南的城市色彩，并将其整合到城市色彩规划的基础平台之中（图4-5）。

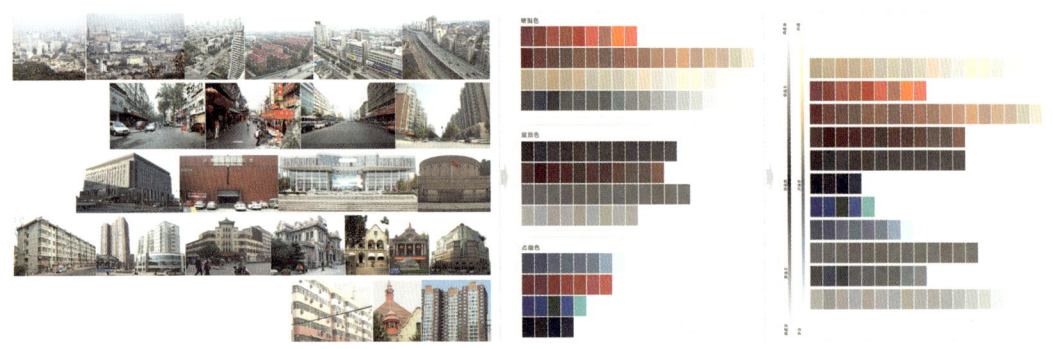

图4-4 现况色彩谱系推导

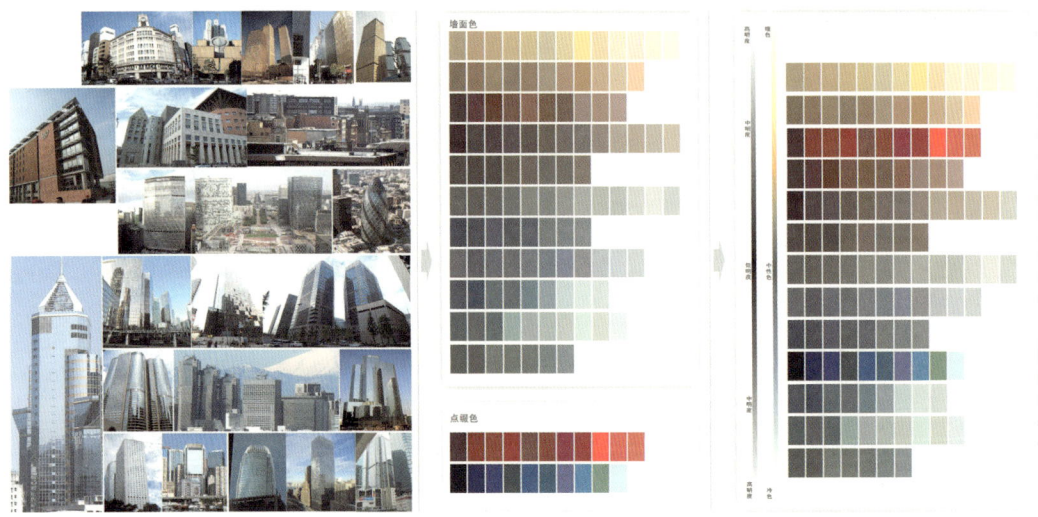

图4-5 城市未来色彩谱系推导

二、城市色彩主旋律概念总谱整合

(一) 城市色彩谱系汇总

从调研的情况看,济南的城市色彩问题非常复杂。解决这一复杂的问题需要把过去、现在和将来都纳入到研究分析之中。在上述色谱推导的基础上,规划对梳理出的传统、现况、未来三类谱系进行复合叠加,按照色度学原理进行编谱整理,形成济南城市色彩规划的基础平台。在这个平台上对济南城市色彩追根溯源,实现继承传统、发展突破的色彩规划目标(图4-6)。

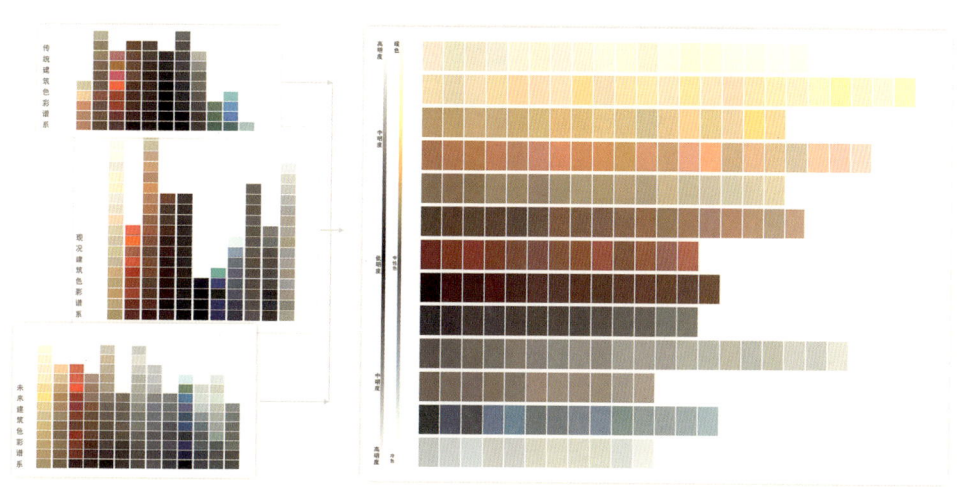

图4-6　城市色彩谱系汇总

(二) 城市色彩家族谱系的梳理

所谓色彩家族,是指具有相同色彩特征的颜色所构成的色彩谱系。它们是主旋律概念总谱对应实际色彩规划与设计的衍生应用,是进行色调组织和色彩调和的"和谐色彩群"。按照色彩规律,规划将济南城市现况色彩划分为12个色彩家族群。中高明度中低艳度的暖灰色系构成济南城市色彩的基础,中低明度中高艳度的暖色交织点缀其中(图4-7)。

(三) 城市色彩主旋律概念总谱

主旋律总谱基本反映城市色彩基本面貌及其色彩结构,用以调控城市色彩的大格局。概念总谱由城市中典型颜色,按照色彩学规律建构而成,是色彩定位与色彩描述的应用工具。济南城市色彩概念总谱系统由主辅调系统和点缀色系统两个子系统构成。主辅调系统包括建筑色彩中占主导地位的墙面色彩和屋顶色彩的概念总谱;而点缀色系统则由居于次要地位的建筑构件色彩概念总谱构成。作为对城市色彩的概念性描述,概念总谱在具体的设计应用中,可进行细化与衍生,得到更为丰富的分级色谱(图4-8)。

图 4-7 城市色彩家族谱系梳理

图 4-8 城市色彩主旋律概念总谱

第二节 城市色彩主旋律的谱写

一、济南城市色彩规划目标

在济南城市总体规划中，济南的城市性质是：山东省省会，著名的泉城和国家历史文化名城，环渤海地区南翼和黄河中下游地区的中心城市。济南的城市发展目标是：到2020年把

图 4-9　规划目标及定位

济南建成具有独特自然风貌、深厚历史文化底蕴、浓郁现代化气息、代表山东形象的区域中心城市和繁荣、和谐、宜居、魅力的泉城。济南的城市性质和城市发展目标指出了济南不同于其他城市的特性和发展方向，色彩规划应朝着这一方向，来拓展济南的城市形象。

另外，济南是拥有百万人口的特大城市，此次的规划范围已达到了 1022 平方公里，城市各功能分区明显，因此在制定规划目标和定位时也应考虑城市规模，使之与城市相匹配。

根据以上分析，色彩规划提出了相应的规划目标：

（1）塑造符合地域自然景观的色彩面貌。
（2）挖掘历史文化，探寻城市色彩文脉，找到城市色彩的差异化特质。
（3）立足现况，继往开来，提出符合城市发展诉求的未来城市色彩定位。
（4）提出具有济南特色的有魅力的城市色彩规划。
（5）制定济南城市色彩控制策略，探讨适合济南的城市色彩控制方法。

二、城市色彩规划设计概念

在调研中发现，济南城市色彩呈现出包含核心区、过渡区和边界区的若干泉形结构。这带给济南城市色彩规划启示，即用"泉"作为色彩规划的设计概念。找到"泉"作为设计概念，

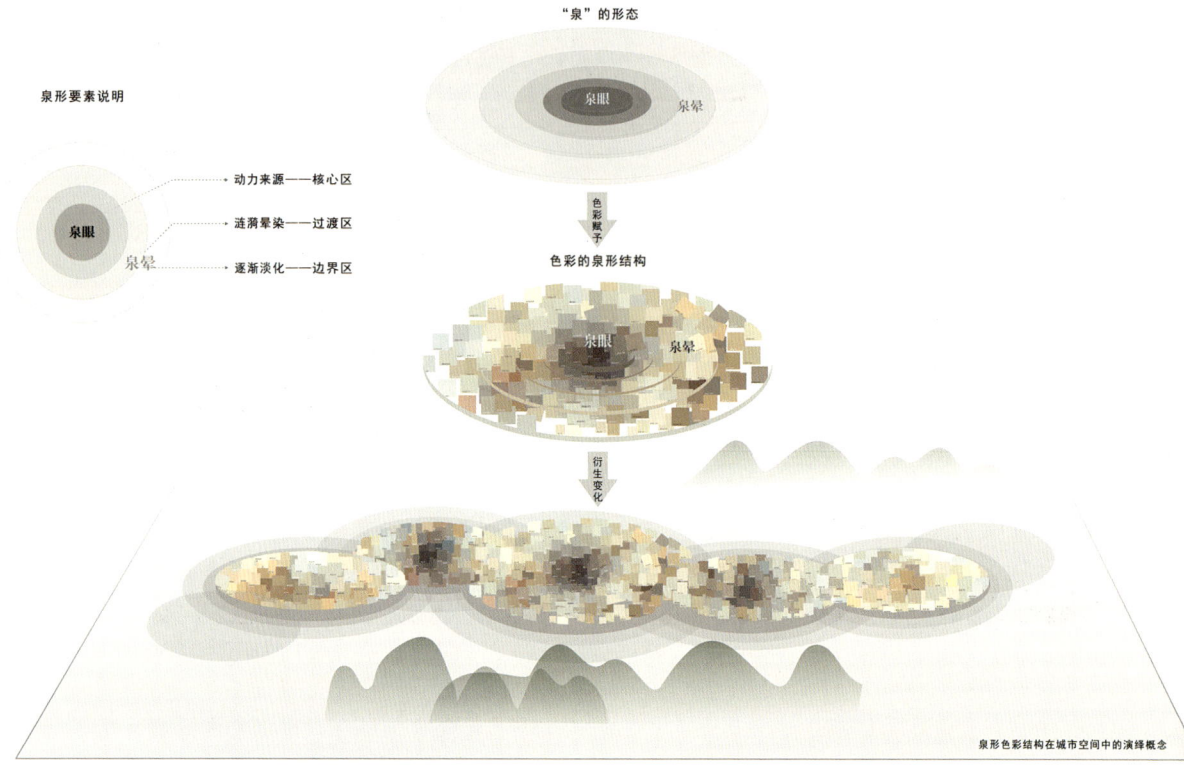

图 4-10　城市色彩规划理念——泉

就使色彩规划找到了切入点。运用"泉"的形式去调和城市中的色彩矛盾，运用"泉"的形式去营造富有节奏和韵律的色彩氛围，运用"泉"来演绎具有济南特色的色彩规划方案。

三、济南城市色彩模型

城市色彩主旋律概念是在现况色彩概念还原的基础上，结合济南形象定位和济南色彩主旋律谱系，调整现况色彩内部的关系，建立理想状态下的济南城市屋顶色彩及墙面色彩的色彩模型，为下一阶段色彩规划方案的推导和管理导则的编制提供依据。

屋顶色彩主旋律反映了济南屋顶色彩分布的理想化愿景，是在现况色彩基础之上，结合济南城市发展定位和城市形象特征，整合提升而来的。

从墙面色彩主旋律分布概念可以看出，济南墙面色彩由南向北，色彩由暖变冷，由暗变亮。墙面色彩分布形成若干类似于泉水涟漪状的色彩核心。从泉眼的中低明度的灰色系，逐渐向外扩散，过渡为中高明度中低艳度的彩色系。

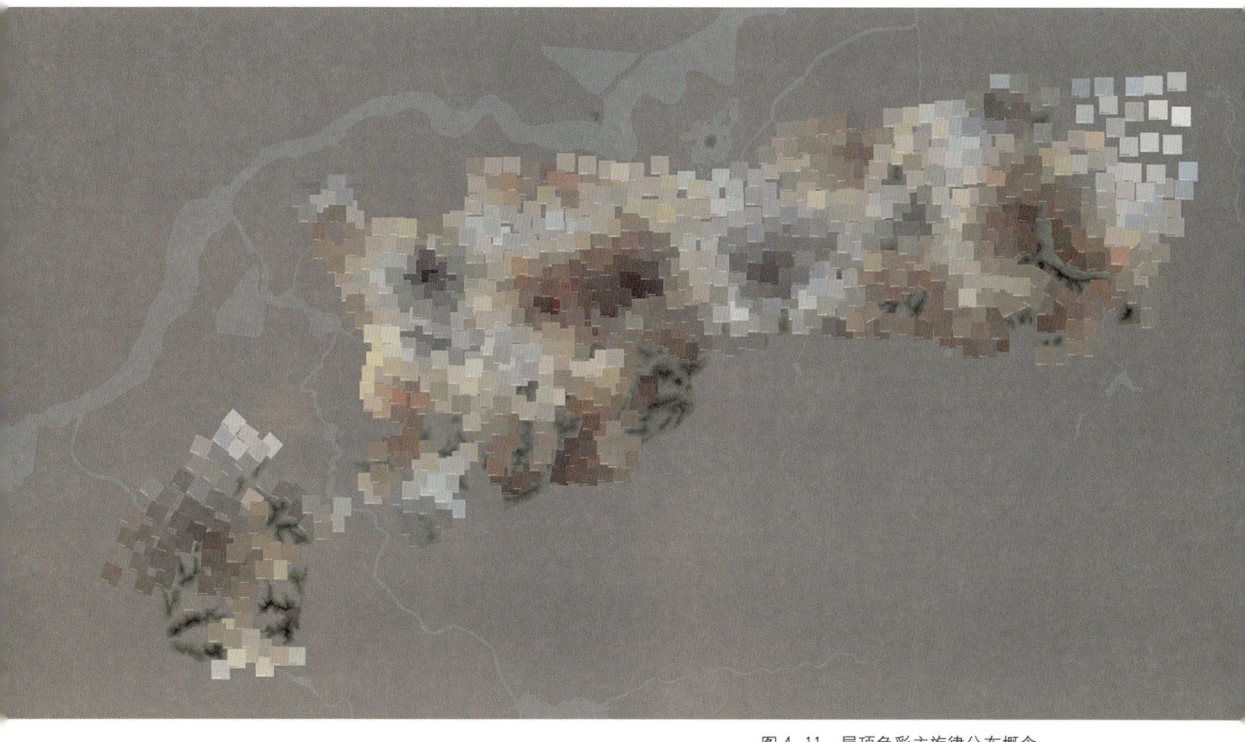

图 4-11 屋顶色彩主旋律分布概念

四、济南城市色彩形象定位——城市色彩主旋律关键词

今天的城市色彩从单一色调向多色调的方向发展，这就需要建立既有一定包容性，又能统一于城市气质的色彩理论与方法。色彩主旋律概念正是顺应此趋势而产生的色彩理论。城市色彩主旋律是指城市色彩的基本定位和发展理念。之所以提出城市色彩主旋律，是希望城市色彩犹如交响曲一般，由不同声部和乐章构成，从而形成多元交汇、和而不同的城市色彩面貌。

通过对济南城市色彩谱系的归纳与整合，推导出城市色彩主旋律概念总谱，以及对城市色彩规划目标，色彩规划设计概念，色彩主旋律概念的分析，济南城市色彩形象渐渐明晰。以上都是用图谱的形式来表示济南城市色彩，是直观的反应。城市色彩形象仅靠图示的形式来表示，还不足以深入人心，因此还需要运用城市色彩规划理论与方法，提炼济南城市色彩推荐色谱，用城市色彩主旋律关键词将这一色彩形象概括描述出来。针对济南城市色彩环境特征，总结出其色彩主旋律关键词为"湖光山色、淡妆浓彩"的色彩定位。

泉城色彩
——塑造赏心悦目的城市

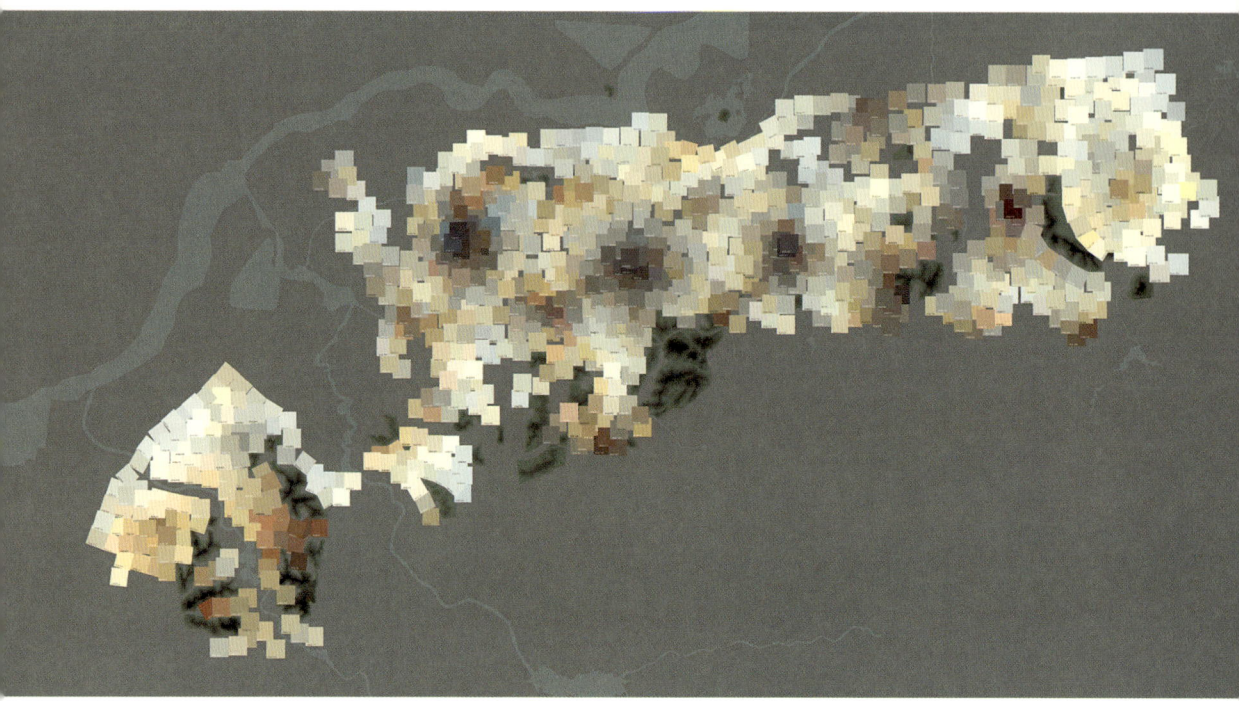

图 4-12 墙面色彩主旋律分布概念

湖光山色是城市的背景色。"一城山色半城湖",大明湖和千佛山构成了济南大山大水的格局,以此形成具有济南地方特色的以独特的自然山水风光为城市背景,立意于"四面荷花三面柳,一城山色半城湖",集中概括"山、泉、湖、河、城"浑然一体的城市自然背景色彩,表达济南既有大山大水、古韵敦厚的北方风貌特色,又兼具泉水肆意、烟柳画桥的江南婉约风韵。淡妆浓彩是城市的建筑色彩。济南城市呈现出多元化、高彩度的发展趋势。将多元的色彩整合成为具有济南特色的和而不同的城市色彩,是规划亟待解决的问题。淡妆浓彩可以适应华北气候环境,以暖灰、素雅、明快的"淡妆"为基调色,以低明度、中艳度、高彩度的"浓彩"为点缀色。恢复老城潇洒似江南、北城南相的城市意象,塑造新区明快素雅、浓淡相宜的儒雅风采,表达济南沉稳大气、中庸随和的海纳情怀。

"湖光山色、淡妆浓彩"高度诠释了济南的山俊雅而热情,济南的泉活泼而进取,济南的湖明净而包容,济南的河壮阔而奔放,济南的城儒雅而大气。湖光山色,意在说明城市色彩的自然背景,而淡妆浓彩则重点表述城市色彩的定位。二者共同引领城市色彩总体规划概念的构思与整合。

色彩类型	城市背景色	城市建筑色彩
	"一城山色半城湖",大明湖和千佛山构成了济南大山大水的格局,以此形成具有济南地方特色的城市背景色。	济南城市色彩呈现出多元化、高彩度的发展趋势。如何将多元的色彩整合成为具有济南特色的合而不同的城市色彩,是我们面临的问题。
色彩关键词	**湖光山色**	**淡妆浓彩**
分解说明	以独特的自然山水风光为城市背景色,立意于"四面荷花三面柳,一城山色半城湖",集中概括"山、泉、湖、河、城"浑然一体的城市自然背景色彩,表达济南既有大山大水、古韵敦厚的北方风貌特色,又兼具泉水肆意、烟柳画桥的江南婉约风韵。	适应华北气候环境,以暖灰、素雅、明快的"淡妆"为基调色,以低明度、中艳度、高彩度的"浓彩"为点缀色,恢复老城潇洒似江南、北城南相的城市意象,塑造新区明快素雅、浓淡相宜的儒雅风采,表达济南沉稳大气、中庸随和的海纳情怀。

图 4-13 色彩主旋律关键词

第三节 城市色彩总体规划方案

一、城市色彩总体规划结构分析

济南城市色彩由南至北,色彩趋势由暖到冷。由中心向东西两端,色彩趋势由灰到艳。总体色彩形成"四区两带"的结构。所谓"四区"是指古城区、商埠区、西部城区和东部城区。所谓"两带"分别指邻山带、滨河带。图4-14说明了各城区和带状区域的主调趋向及其彼此之间的色彩走势关系。

图 4-14 城市色彩总体规划结构分析

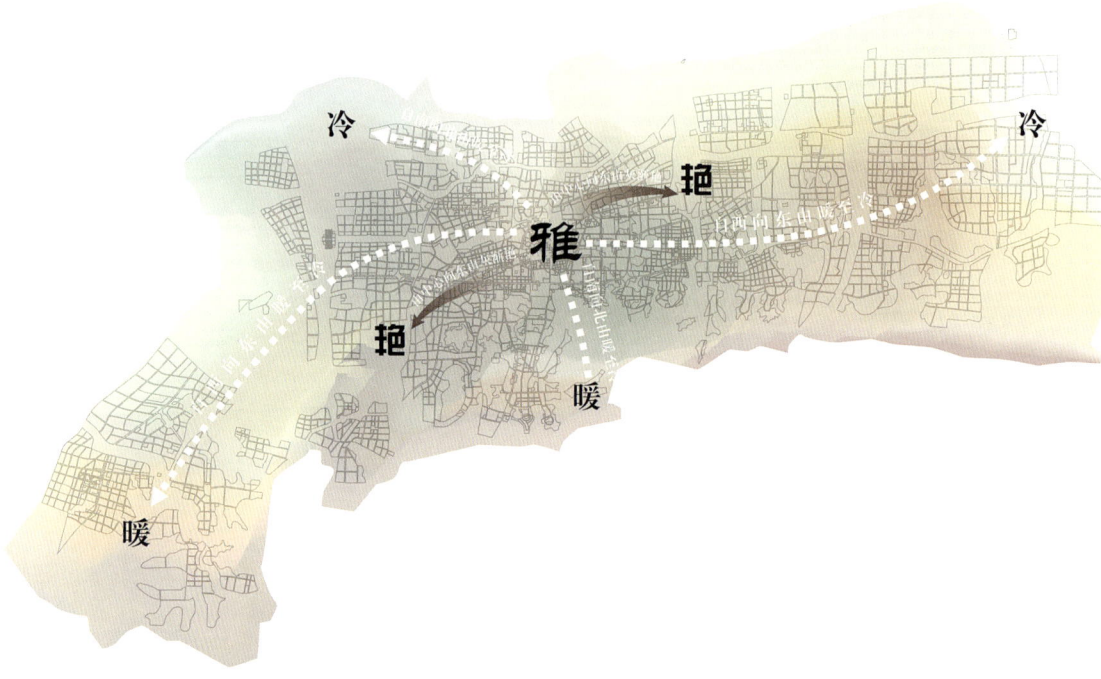

图 4-15 济南城市总体色彩走势分析

根据"东拓、西进、南控、北跨、中优"的城市空间发展战略,济南城市色彩呈现"东冷、西暖、南暖、北冷、中雅"的色彩格局。城市色彩由南至北,呈现出由暖到冷的色彩趋势,由中心向东西两端,呈现出由灰到艳的色彩趋势(图 4-15)。

二、总体规划分区及色彩定位

规划根据济南城市总体规划"四区两带"的色彩结构,各个分区的功能、现况、发展定位等诸多因素,给出各区域对应的墙面、屋顶和点缀色彩概念总谱,明确各区域的基本色彩定位(图 4-16)。

在"湖光山色、淡妆浓彩"的总体色彩主旋律的引领下,规划提出了"四区两带"的城市色彩分区和各分区的色彩主旋律关键词,济南各个分区形成了各具特色、有机关联的色彩定位。根据"四区两带"的规划结构,结合各分区的色彩定位,归纳出各区域的色彩关键词,描述各分区的色调倾向,传达各区域的色彩意象。

1. 古城区——青砖黛瓦

传承传统历史文脉,突出泉城风貌特色,规划墙面以一系列不同明度、不同冷暖的青砖色系为主,屋顶以灰瓦为主。

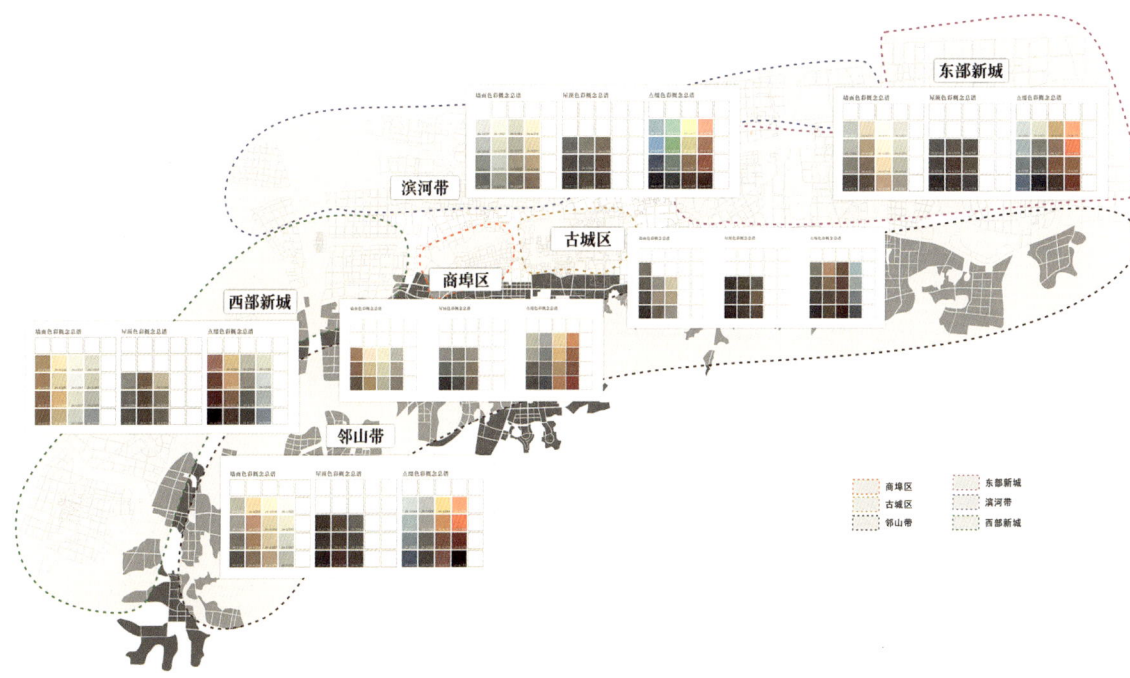

图 4-16　总体规划分区及色彩定位

2. 商埠区——暖墙褐瓦

延续商埠风貌，突出中西合璧的特色，规划墙面色彩以砖红、黄褐等暖灰色系为主，屋顶以褐色为主。

3. 西部新城——深暖淡彩

大学城、西客站等区域的色彩呈中低明度的暖色系，其他功能区域的色彩相对较浅，色相也相对丰富，规划墙面主色调以黄红、红褐、灰褐等暖灰色系为主，并含有少量的浅灰色系，屋顶主色调以褐色系和红色系为主。

4. 东部新城——浅明重彩

奥体文博、汉峪、高新区等区域色彩主调相对较浅，重色点缀其间，规划墙面主调色以黄灰色系和浅红褐色系为主，浅灰色系次之，屋顶以棕红色系为主，深灰色系为辅。

5. 滨河带——明雅淡彩

明雅是指由中高明度的呈短调式的颜色系列。而淡彩则是指呈多色相的较淡的颜色系列。结合黄河、小清河的滨水景观，规划色彩表情淡雅明快，墙面主调色以浅灰色系和褐色系为主，屋顶以深灰色系和棕红色系为主。

6. 邻山带——暖褐红瓦

结合南部群山及其良好植被，规划色彩以红褐、灰黄和米黄等暖色系为主，辅以低艳度的彩色系，墙面主色调以暖褐色系为主，屋顶主色调以中低明度和低艳度的红褐色系为主。

三、色彩总体规划方案

（一）屋顶色彩总体规划方案

在屋顶色彩主旋律分布概念的基础之上，结合城市规划的区块划分、功能定位以及未来城市的发展方向，提出了济南屋顶色彩的总体规划方案。地块中的屋顶颜色，是对该地块坡

图4-17 屋顶色彩总体规划方案

屋顶屋面色彩的定义，它主要用于在设计和管理时，给出用色概念，对该地块的屋顶进行色彩指引。屋顶色彩以棕红色为主，深灰色系为辅（图4-17）。

（二）墙面色彩总体规划方案

在墙面色彩主旋律分布概念的基础之上，结合城市规划的区块划分、功能定位以及未来城市的发展方向，提出了济南墙面色彩的总体规划方案。地块中的墙面颜色，也同样是对该地块墙面主调的界定，主要用于管理时，给出用色概念，指引该地块的色彩设计。墙面色彩以褐黄色系为主，暖灰色系为辅，浅灰色系次之。建议居住建筑以石材、涂料、面砖、陶板为主要材料，商业建筑以玻璃幕墙、铝板、石材为主要材料（图4-18）。

图4-18 墙面色彩总体规划方案

(三) 总体规划方案效果图

图 4-19 总体规划方案屋顶色彩效果图

泉城色彩
——塑造赏心悦目的城市

图4-20 总体规划方案墙面色彩效果图

图 4-21　城市总体色彩规划局部效果图

泉城色彩——塑造赏心悦目的城市

泉城色彩
——塑造赏心悦目的城市

图4-22 四季效果模拟(一)

泉城色彩——塑造赏心悦目的城市

春

夏

泉城色彩
——塑造赏心悦目的城市

图 4-22　四季效果模拟（二）

泉城色彩——塑造赏心悦目的城市

秋

冬

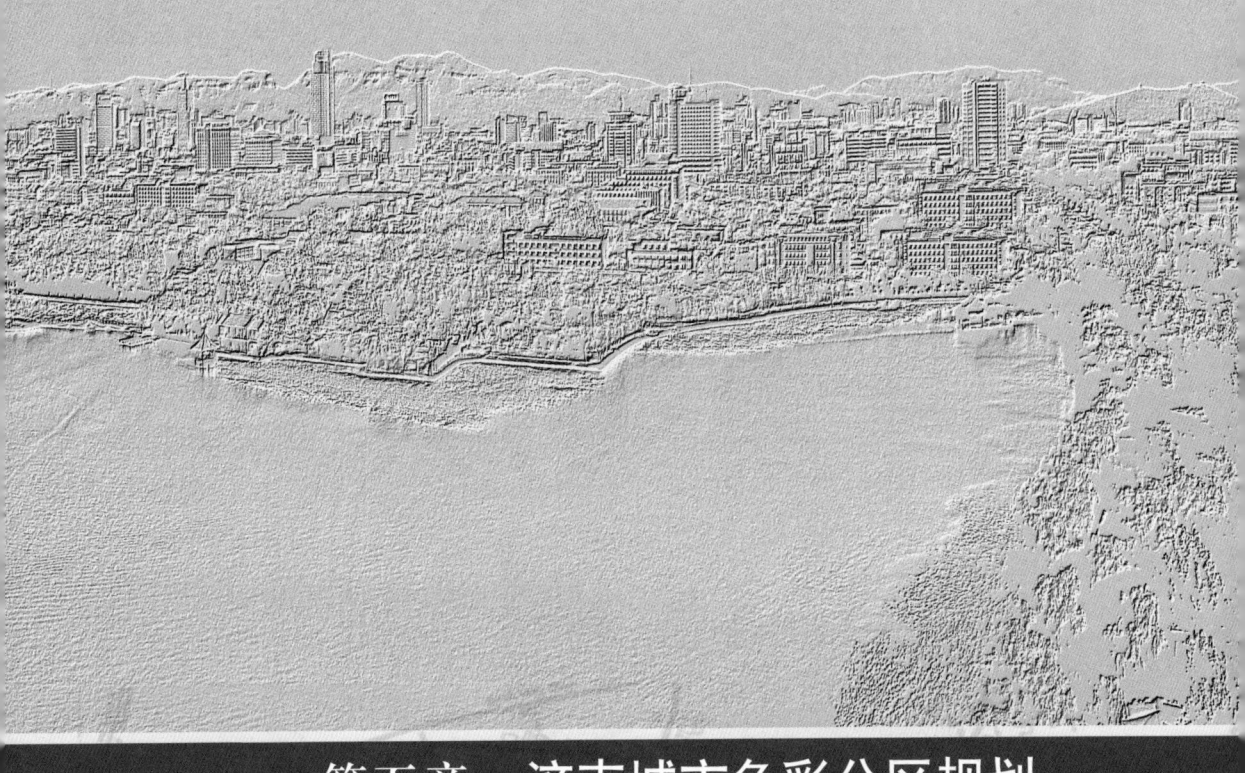

第五章 济南城市色彩分区规划

在"湖光山色、淡妆浓抹"的总体色彩主旋律的引领下,济南各个分区形成了各具特色、有机关联的色彩定位。分区规划根据"四区两带"的规划结构,共分为六个片区。本章将分别介绍古城区、商埠区、西部新城、东部新城、邻山带、滨河带,结合各分区的色彩定位,归纳出各区域的色彩关键词,描述各分区的色调倾向,传达各区域的色彩意象。

第一节 古城区——青砖黛瓦

一、古城区色彩概况

（一）存在问题

古城区整体色彩形象杂乱，破坏较严重，建筑品质感相对较低，整体形象有待提升。虽然其色彩基本保留传统面貌，但未改造区域的民居相对破旧，基础设施相对落后，外立面色彩杂乱无章，整体色彩品质不高。已改造区域过度使用单一的灰、白色，导致色彩面貌单调，丧失原有的色彩特色（图5-1）。古城内存在大量高艳度蓝色彩缸瓦顶（图5-2），对古城风貌影响较大。古城与旧城色彩过度生硬，建筑色彩反差较大。从千佛山俯瞰古城区，基本看不到古城，古城与山体之间的联系不大（图5-3）。从大明湖看古城，古城基本被环湖高大乔木遮挡，个别建筑色彩与大明湖的景观不协调。古城城市家具缺乏系统规划，形式和色彩均无古城特色。店招色彩虽有商业氛围，但形式较为单一，缺少垂直面的店招形式（图5-4）。

图5-1 改造后民居色彩面貌单调

图5-2 大量的高艳度蓝色彩缸瓦顶

（二）规划对策

在区域有机更新改造过程中，必须进行专项色彩规划与设计，在保留传统色彩风貌的基础上，实现传统色彩的现代转型。

1. 合理改造民居建筑，去除或调整破坏外立面整体效果的元素。修复性建筑须修旧如旧，尽量保留历史建筑的传统色彩。改造性建筑须考虑规划定位及周边建筑环境，构建合理的建筑色彩审批和监控体制。

2. 以街道立面保留或恢复的节点建筑色彩作为街面色彩设计的依据，根据街道形象定位，运用色彩调和或对比的方式形成有韵律的街道立面。设置适合的、能够体现古城文化的城市家具系统。注重街道色彩的有机性，避免用色的概念化或单一概念的简单复制。不符合风貌特征的色彩，可在城市更新过程中有步骤、有重点地将其纠正。

3. 历史风貌区的色彩必须进行统一规划，运用色彩手段调和区域内不协调的色彩要素，使之形成整体和谐的色彩氛围。重点区块应进行色彩专项设计，对空间形象作精细化的控制确定区域内若干地标建筑或重点地段的色彩，通过以点带线、以线带面的方式拉动区域的整体色彩走势。更新及丰富业态内容，调整部分业态，挖掘和保护地方特色业态。

4. 区域色彩的管理，应该有重点、有层次。以重点历史建筑的管理带动周边历史风貌区的色彩管理。注重若干片区色彩主调之间的协调关系。历史风貌区域的色彩是丰富细腻的。宏观确定的色彩主调，必须在中观和微观中具体细化，否则会出现单调的色彩面貌。

图 5-3 千佛山上鸟瞰

图 5-4 芙蓉街上店招形式、色彩缺乏统一规划

二、古城区色彩定位

（一）色彩规划结构

本区域主要是与自然环境相和谐，传承深厚的历史积淀，推动传统特色的现代转型，构建现代语境和有机更新下的济南特色标志性城区，主要由东部、西部居住区及中心商业行政区三大区块组成（图 5-5）。东部居住区以米黄浅灰为主调，东浅西深、东艳西素；西部居住区以灰褐暖黄为主调，南轻北重、南艳西素；中心商业行政区以褐灰为主调，中心重周边轻、中心素周边艳。由此我们可以看出，色彩规划的基本趋势是以历史传统区域为核心，采用泉晕涟漪的方式向外延伸，核心区域以青砖灰色调为主，四周区域由此色调渐变为中等明度的黄灰色系。整体色彩中心重，四周轻；中心素，四周艳（图 5-6）。

（二）色彩营造策略

1. 规划墙面色彩：以一系列不同明度、不同冷暖的青砖色系为主，灰褐色系为主，暖灰色系为辅，淡黄色系次之（图 5-7）。

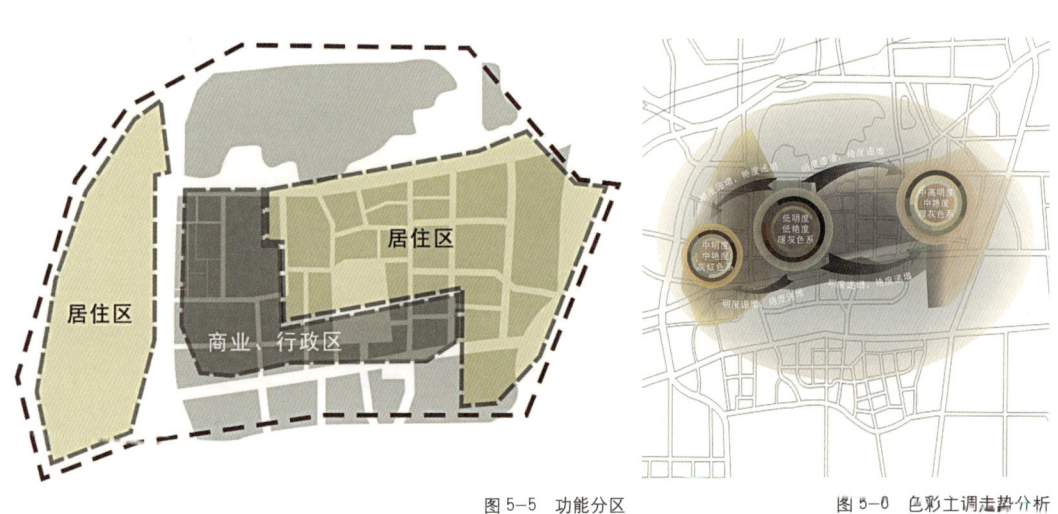

图 5-5　功能分区　　　　　图 5-6　色彩主调走势分析

2.规划屋顶色彩：深瓦灰色系为主，深棕灰色系为辅（图5-8）。

3.建筑材料：建议传统风貌区墙面建材以青砖、木材、涂料为主，屋顶建材以深灰色的陶瓦为主；非传统风貌区墙面建材以石材、涂料、面砖和金属板材为主，屋顶为坡屋顶，仍以灰色的陶瓦为主。

图5-7 墙面色彩主调分布概念

图5-8 屋顶色彩主调分布概念

三、古城区色彩推荐用色

（一）墙面推荐用色

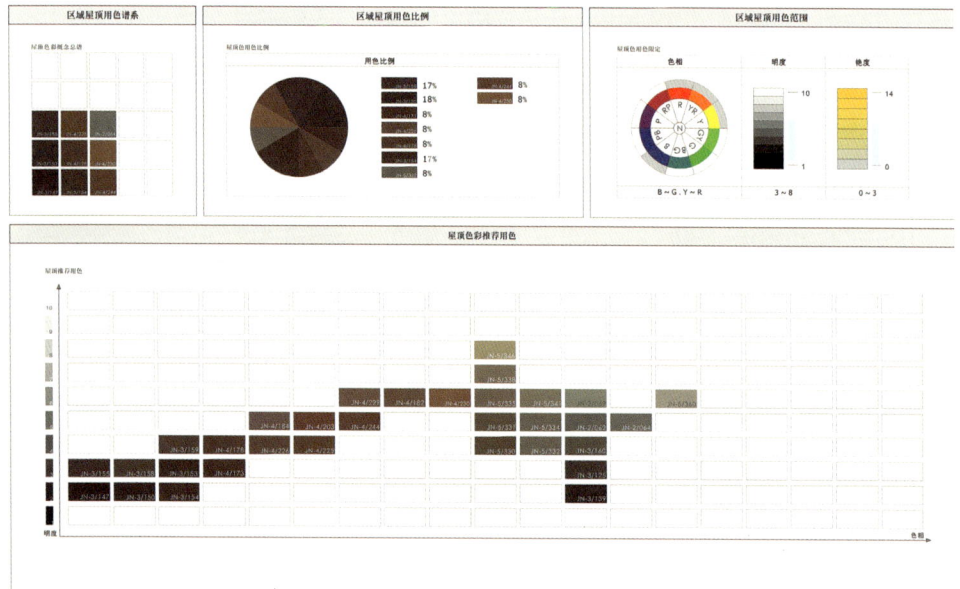

图5-9 古城区墙面推荐用色

（二）屋顶推荐用色

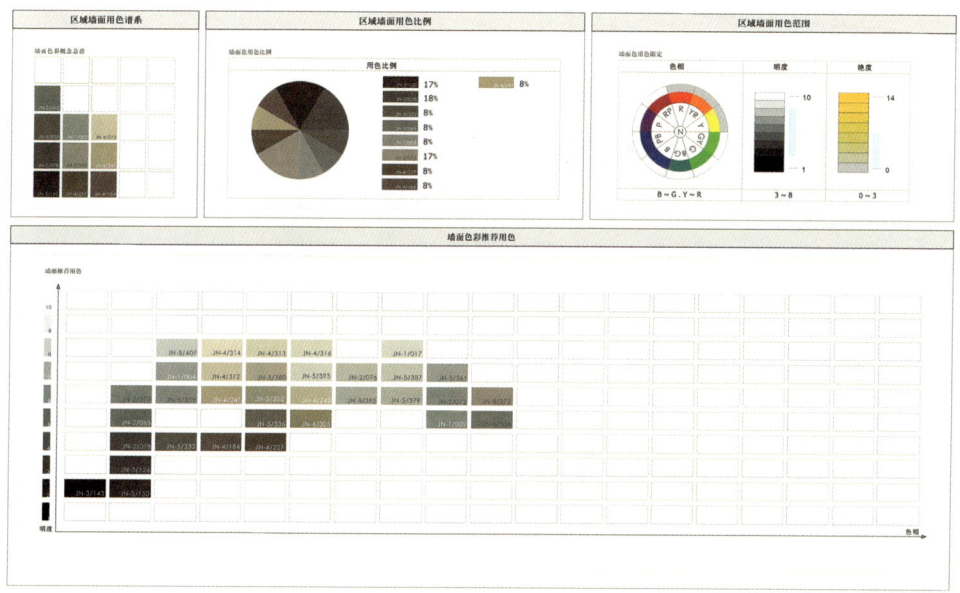

图 5-10　古城区屋顶推荐用色

（三）点缀色推荐用色

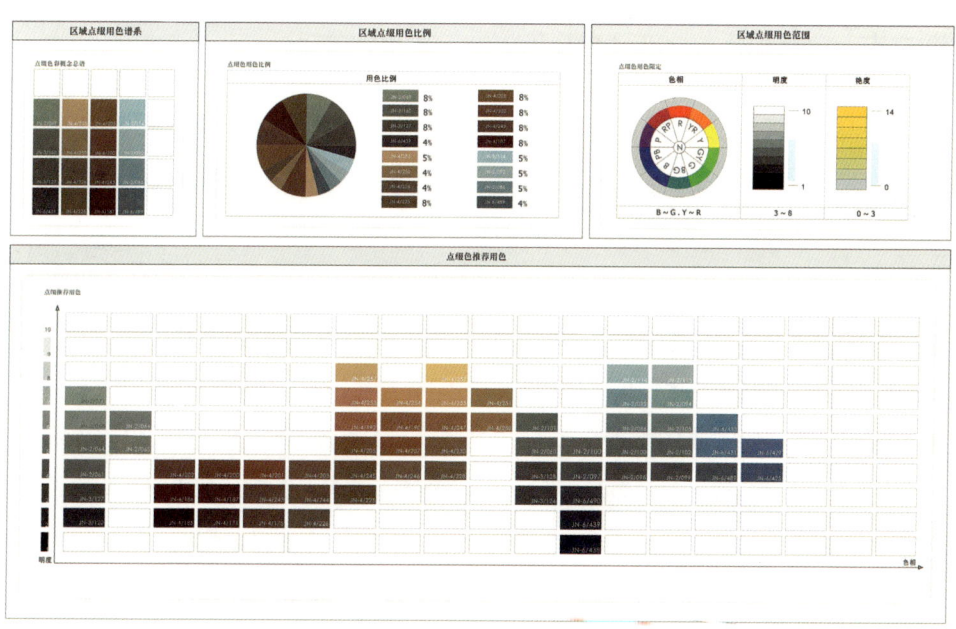

图 5-11　古城区点缀色推荐用色

（四）建筑配色

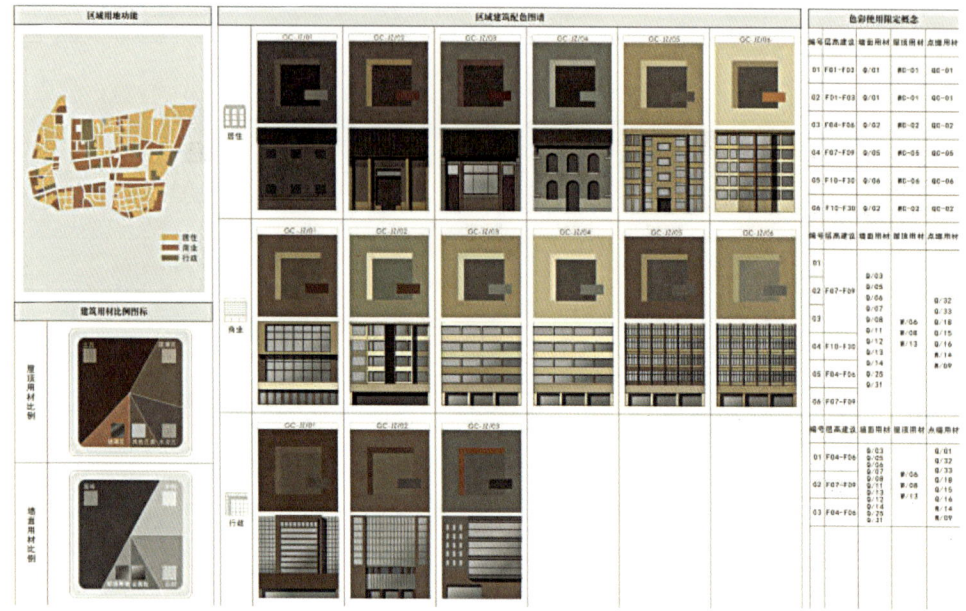

图 5-12 古城区建筑配色

第二节 商埠区——暖墙褐瓦

一、商埠区色彩概况

（一）存在问题

商埠区在旧城中所占比例较小，但地位很高，整体用色以黄灰、浅米灰、红褐色系为主，色彩特征比较明显（图 5-13）。商埠区周边现代建筑零散分布，体量过于悬殊，部分历史建筑与现代建筑色彩过渡生硬，无色彩关联。历史传统建筑在色彩改造过程中，用色单调，降低了原有建筑的形象品质。有些大体量建筑色彩使用过于鲁莽，大量使用高艳度的涂料，易形成色彩污染，难以获得理想的色彩效果（图 5-14）。商住区建筑混杂，街区立面繁杂凌乱，空调室外主机、防盗窗、雨棚等外立面构件过于零乱，影响建筑整体效果（图 5-15）。户外广告色、店招用色繁杂艳丽、缺乏色彩规划。街道广告用色混乱，形成一定的色彩污染（图 5-16）。商埠区历史建筑失去原有色彩特色的现象严重，形式和色彩缺乏特色和思考（图 5-17）。

图 5-13　商埠区色彩特征比较明显

图 5-14　部分大体量建筑用色过艳

图 5-15　街区立面繁杂零乱　　　图 5-16　埋没在招牌里的中山公园　　　图 5-17　失去往昔色彩的皇宫照相馆

（二）规划对策

商埠区必须处理好历史建筑与新建建筑之间由于形体差异而产生的色彩协调性问题，同时应注重建筑外立面色彩品质的提升。

1. 充分挖掘济南历史建筑的色彩特色和用色规律。加强整体规划，深化重点建筑色彩设计，去除或调整负面色彩因素，带动区域色彩向整体提升、多元共生的方向发展。历史建筑周边的新建或改建的建筑立面应做色彩设计，在用色及配色上要与历史建筑协调。历史风貌保护区的重点建筑应还原传统商埠区的本来面貌，周边建筑应在用色和用材上考虑整体环境风貌的协调性。加强对大体量建筑立面的色彩管理，尤其是立面色彩较为鲜艳的建筑。加强对建筑底层商铺店面色彩和形象的管理。

2. 街道色彩要考虑自然环境对建筑色彩的影响。考虑不同光线条件下街道立面色彩的状态。首先要控制建筑底层街道立面色彩的节奏与韵律，其次要重点控制高大建筑与周边整体环境的色彩协调性。注重传统老字号店铺的店面形象，营造街道的历史文化氛围。开展广告色专项治理规划，建立有效的广告色管理机制。加强历史建筑周边较大体量建筑的色彩管理。

二、商埠区色彩定位

（一）色彩规划结构

商埠区划定为风貌保护区和风貌协调区两个部分（图5-18）。目的就是恢复和保护历史风貌区，协调历史风貌区与非历史风貌区之间的形象。风貌保护区以灰黄色、灰赭色为主基调。风貌协调区的色彩以风貌保护区为重心，向西、向北由深至浅，由彩变素。其中，风貌协调区的西北部以商业建筑为主，形成明快素雅的冷灰黄色调，自东向西，由深变浅；风貌协调区的南部以住宅建筑为主，形成沉稳的暖灰色调，整体色彩自北至南，由深至浅，由暖至冷。由此推导，该区域色彩基本趋势为北暖南冷，北艳西灰，北深西浅（图5-19）。

图5-18 色彩功能分区

图5-19 色彩主调走势分析

（二）色彩营造策略

1. 规划墙面色彩：传统建筑以较深的灰褐色、青砖灰为主，土红色为辅；西式建筑以黄褐色系为主，深冷灰色为辅，赭红色次之；中西合璧建筑以砖红色为主，暖灰色为辅；现代建筑以较浅的暖灰色为主，偏灰的红褐色系为辅（图5-20）。

2. 规划屋顶色彩：传统建筑以深青灰为主，褐红色为辅；西式建筑以褐红色为主，深青

图 5-20　墙面色彩主调分布

图 5-21　屋顶色彩主调分布

灰为辅；中西合璧建筑以深瓦灰为主，褐瓦为辅，也可出现灰褐交织的瓦色搭配；现代建筑以深暖褐色为主，瓦灰色为辅（图 5-21）。

3. 建筑材料：传统建筑墙面建材以青砖、石材为主；西式建筑保留原有建材，墙面以红砖为主；中西合璧建筑墙面建材以红砖、石材为主；现代建筑墙面建材以涂料、石材、面砖为主。

三、商埠区色彩推荐用色

（一）墙面推荐用色

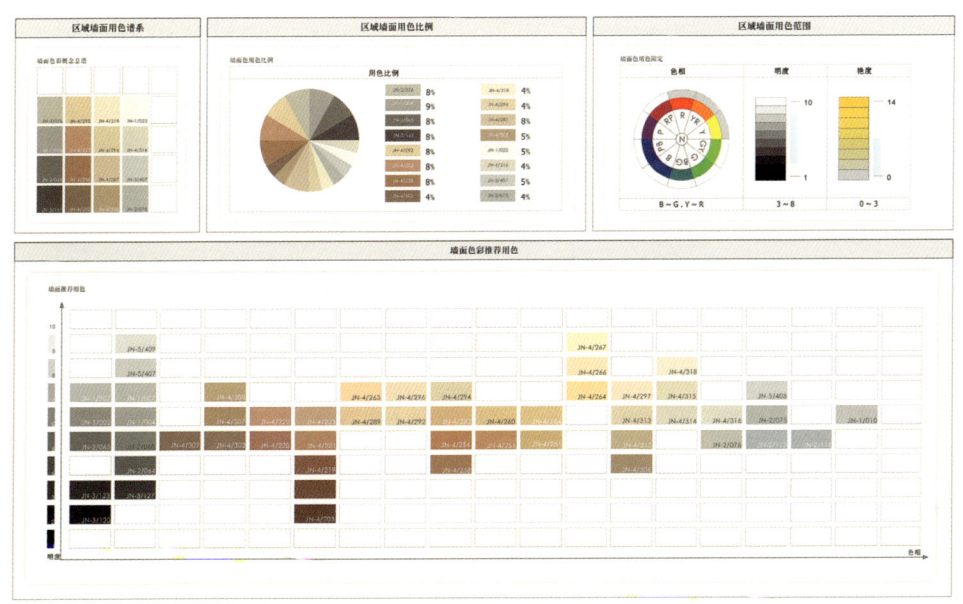
图 5-22　商埠区墙面推荐用色

(二)屋顶推荐用色

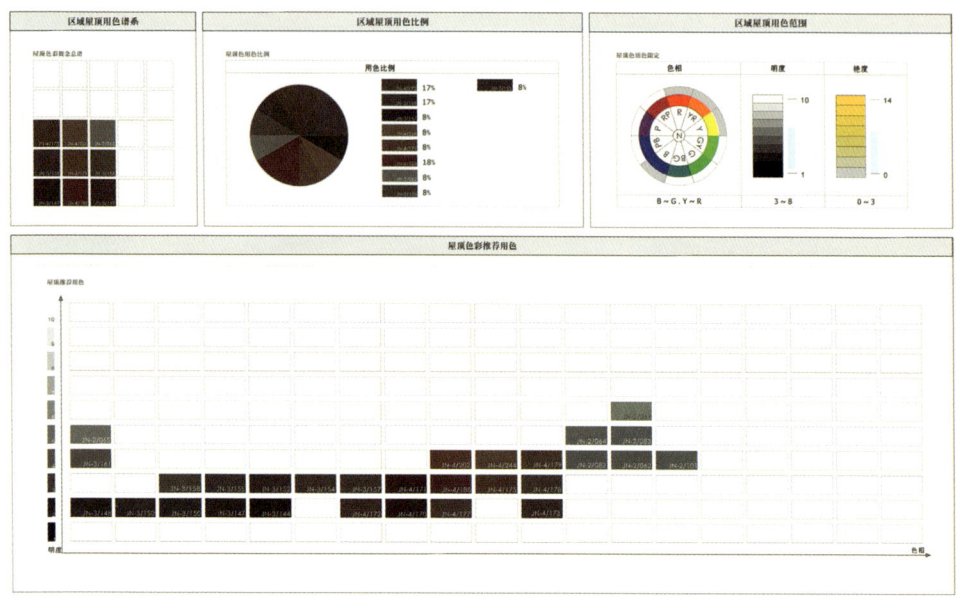

图 5-23 商埠区屋顶推荐用色

(三)点缀色推荐用色

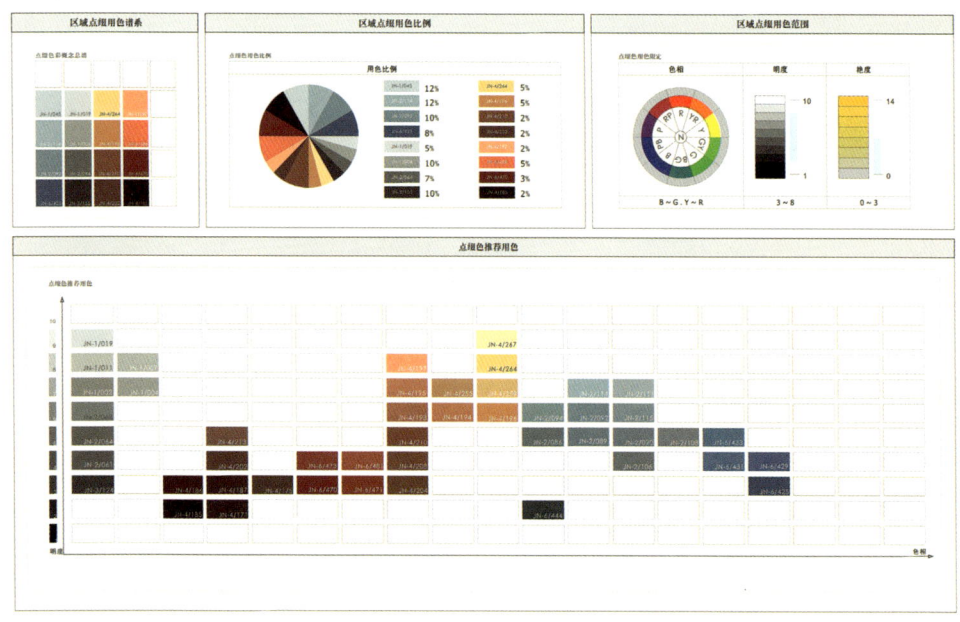

图 5-24 商埠区点缀色推荐用色

(四)建筑配色

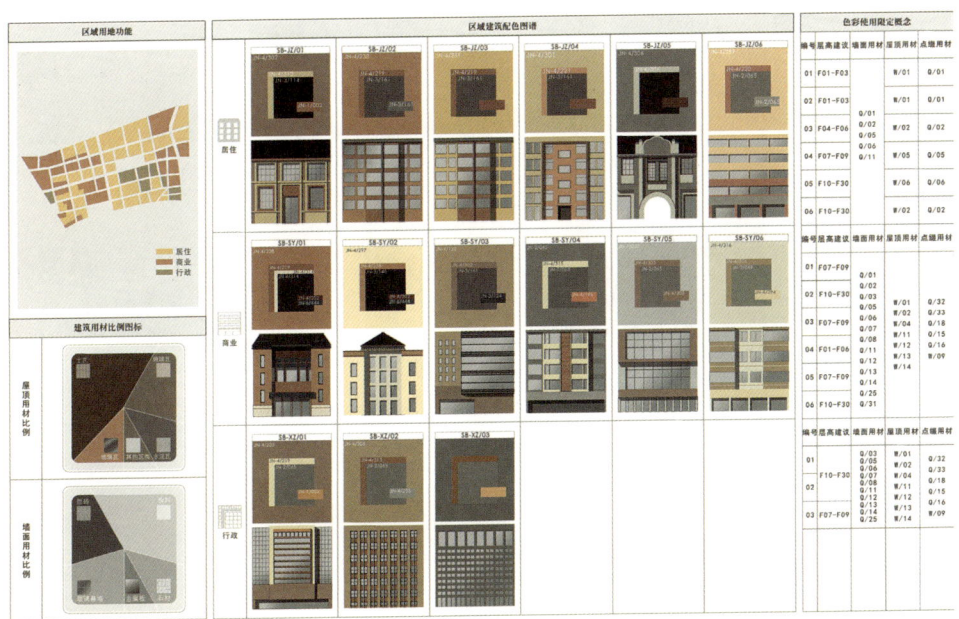

图 5-25　商埠区建筑配色

第三节　西部新城——深暖淡彩

一、西部新城色彩概况

(一)存在问题

西部新城是以西客站为代表的现代色彩和大学城为代表的自然生态色彩为主。其色彩面貌虽能体现现代气息但缺乏济南形象特质。西客站片区部分建筑用色艳度过高,与周边建筑色彩对比过强,破坏了整体色彩环境。大学城片区各学校用色各自为政,导致区域色彩形象隔离,难以形成连续的线态色彩界面。各大学内主调色彩虽统一,但不够丰富,缺乏色彩变化,略显乏味。大学城部分建筑用色突兀,与周边商业建筑色彩对比过强;部分建筑用色不够沉稳,与高教园区的文化氛围不符;部分建筑与周边自然环境色彩反差过大,不够协调,影响整体色彩环境。大学城生活区域的广告店招品质感较低,与高等文化教育用地的定位不符(图 5-26)。

(二)规划对策

此区域以新建区为主,应认真考虑从地域景观来入手,在形象与色彩上考虑城市地域文

图 5-26 西部新城建筑色彩概况

脉的传承与现代转型。西客站核心区域应强化地标建筑的色彩轴心和沿街商铺的色彩轴线，引导区域色彩走势。同一时期内开发建设的街道立面，其色彩应用应讲求色彩节奏的变化与整体色调的调和，避免出现千篇一律的立面色彩，同时也要防止立面色彩效果的零乱无序。对于分区建设的街道，其立面色彩主要考虑相邻街道色彩的过渡衔接。大学城地块相对独立，地块与地块之间难以形成连续的街道界面。所以，要保证不同地块之间的色彩相互关联，地块之间的色彩主调应控制在中等色距之内，形成多元有机的整体色彩面貌。此外，区域城市家具色彩应凸显区域功能特点，彰显现代新城风貌。

二、西部新城色彩定位

（一）色彩规划结构

西部城区规划以发展高等教育、高科技产业、生活居住为主，形成现代化新城区（图5-27）。西部新城的色彩围绕西客站和大学园区两个核心，形成南北两个色彩区块。北部以西客站为核心，向周边渐变，色彩由深到浅、由素到艳。西客站区域以较深的暖褐灰色系为主，周边区域以亮丽明快的浅红色、茶褐色为主。南部以大学城为核心，向西向北扩散，由深到浅，由暖到冷。大学城以黄褐系为主，西北部区域以浅黄、浅灰色为主。由此推导该区域色彩基本趋势为南暖北冷，北素南艳（图5-28）。

（二）色彩营造策略

1. 规划墙面色彩：以西客站为核心的北部区域墙面色彩以暖灰色为主，较浅的冷灰色系为辅，黄红色系次之；以大学城为核心的南部区域墙面色彩以沉稳的黄红色系为主，浅灰色系为辅（图5-29）。

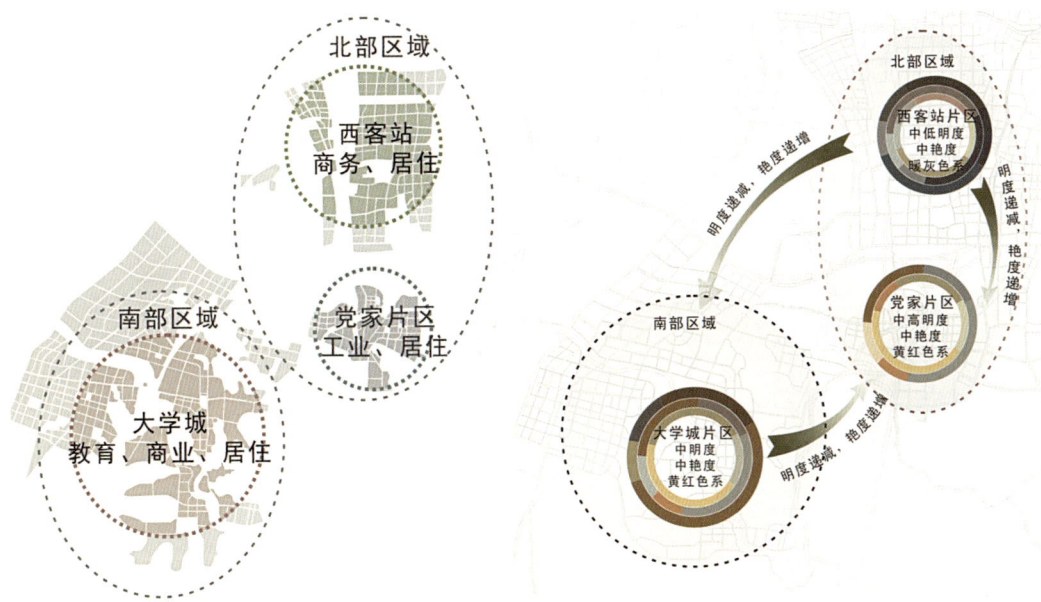

图 5-27　色彩功能分区　　　　　　　　　　　图 5-28　色彩主调走势分析

2.规划屋顶色彩：北部区域以红褐色为主，灰褐色为辅，南部区域以褐色、灰色为主（图 5-30）。

3.建筑材料：建议以石材、涂料、陶板为主要材料，部分以玻璃幕墙、铝板等。

图 5-29　墙面色彩主调分布　　　　　　　　　图 5-30　屋顶色彩主调分布

三、西部新城色彩推荐用色

（一）墙面推荐用色

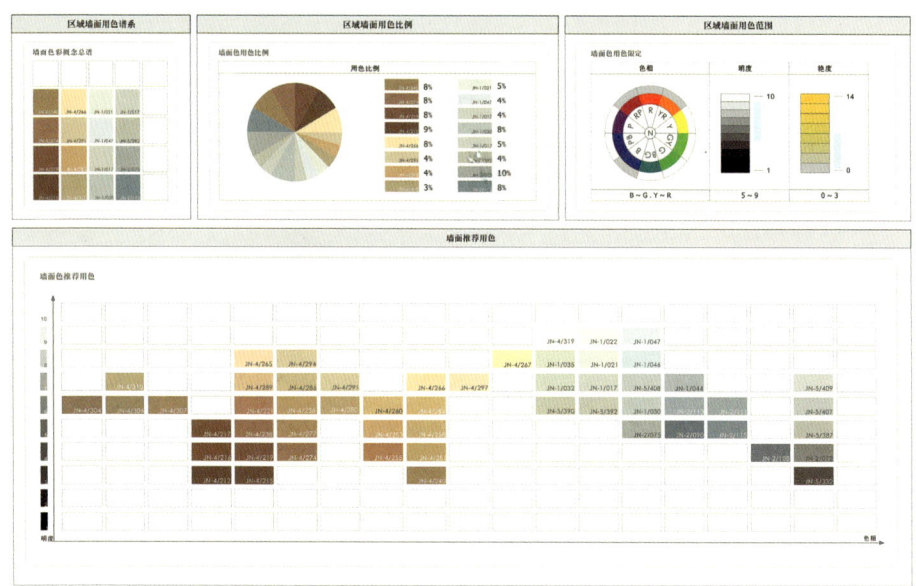

图 5-31　西部新城墙面推荐用色

（二）屋顶推荐用色

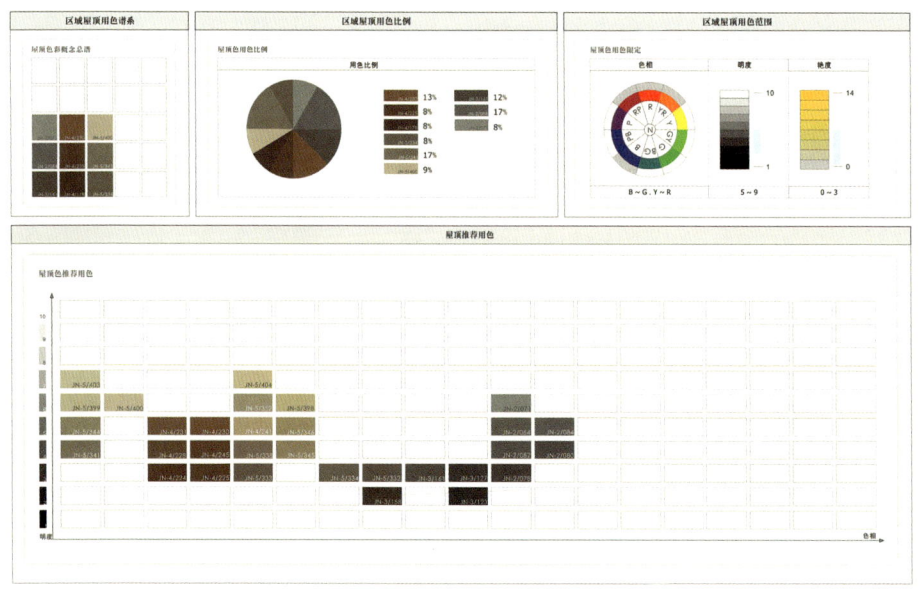

图 5-32　西部新城屋顶推荐用色

(三) 点缀色推荐用色

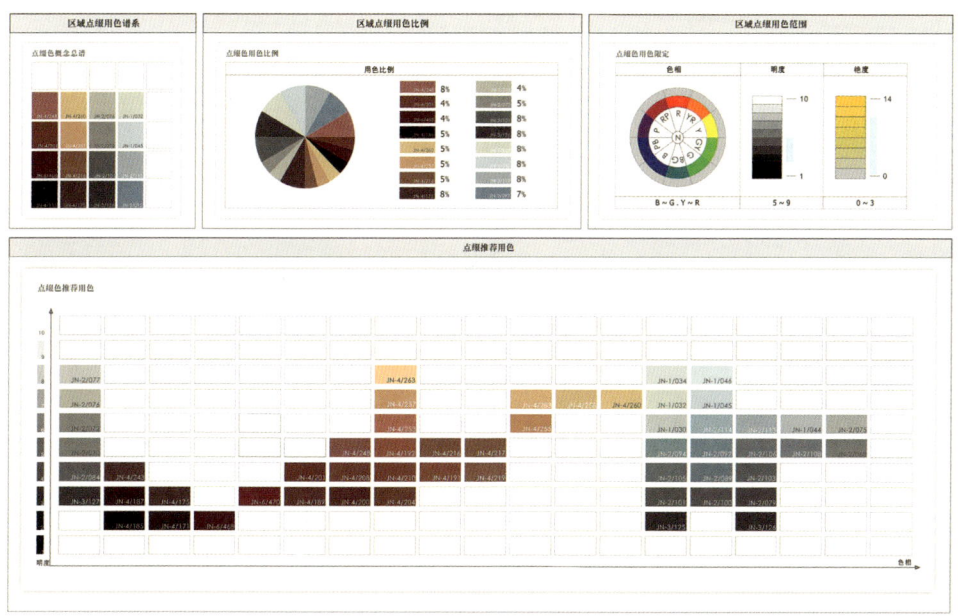

图 5-33 西部新城点缀色推荐用色

(四) 建筑配色

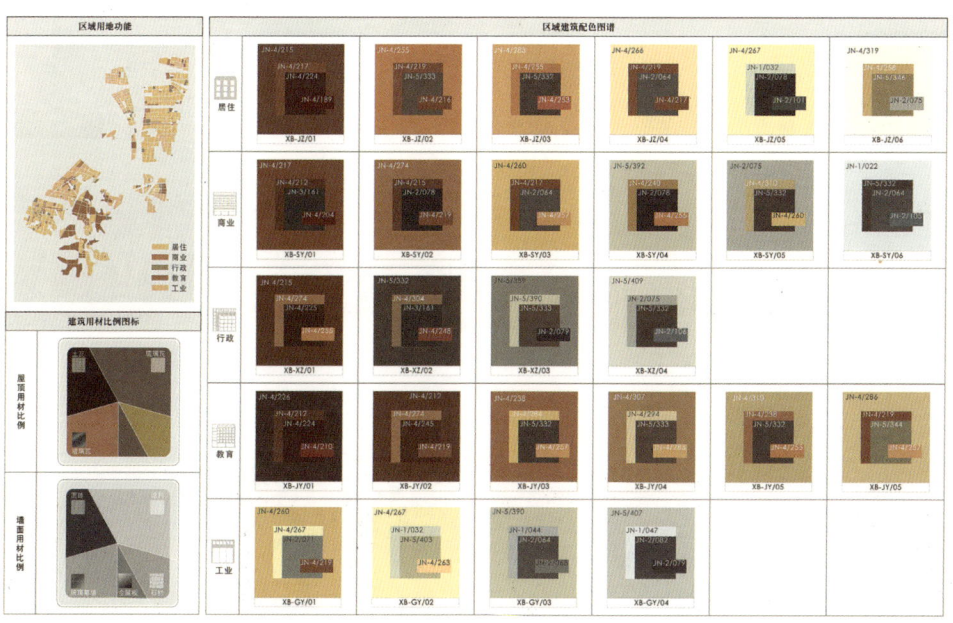

图 5-34 西部新城建筑配色

第四节 东部新城——浅明重彩

一、东部新城色彩概况

(一) 存在问题

东部新城主要以行政办公、商务金融、商业服务、文体休闲等为主导功能。该区域色调色域相对较短，整体色彩形象略显单调。建筑单体本身缺乏适度的色彩面貌，部分建筑色色距过大、对比过强。各类建筑之间色彩过于杂乱，各自为阵，缺乏统一安排。大体量集中式行政建筑使用单一的中性色彩，缺乏可识别性。工业建筑色彩品质不高，形象趋同；现代生活区色彩反映出一定的济南色彩特征（图5-35）。不同体量的建筑色彩大量采用灰白色系，虽解决协调性问题，但会出现单调、缺乏特色的问题。大型公建建筑形象虽有一定的地域特色，但色彩相对平庸，无济南特色（图5-36）。南部邻山建筑与自然环境衔接过于生硬，不够协调（图5-37）。

图5-35　工业建筑色彩品质不高

图5-36　现代生活区反映济南色彩特征

图5-37　建筑之间色彩过于杂乱、缺乏特色

（二）规划对策

该区域以大型公建、高科技园区、工业园区和现代商住生活区为主。行政类建筑应采用色彩设计方式，增加色彩层次，营造行政建筑的经典性。以行政类建筑作为色彩节点，带动沿街色彩的走势。大体量行政类建筑，且沿街立面很长时，可考虑立面色彩的变化。工业区主要街道立面色彩的营造，首先要结合沿街各企业自身的经营定位，确定节点的色彩主调，然后通过色彩调和与对比，将不同的色调有机的组织在一起，形成色彩序列。注重协调各厂区之间色彩，并注意已建建筑与未建成建筑之间色彩的相互协调。同时需考虑区域环境设施的色彩，丰富区域色彩层次，提升形象品质。

二、东部新城色彩定位

（一）色彩规划结构

本区域包括居住区、工业区及行政商业区三大功能区块（图5-38）。工业区以淡黄浅灰色调为主，南暖北冷、东轻西重；居住区以赭黄浅棕色调为主，南重北轻、东冷北暖；行政商业区（奥体文博商业行政区及唐冶商业行政区）以黄褐浅灰色系为主，奥体文博重、唐冶轻，奥体文博素、唐冶艳。由此推导，本区域整体色彩呈现南暖北冷、东冷西暖的状态。奥体文博和唐冶两片区，成为引领东部新城的两个色彩核心，形成中心重，四周轻的色彩分布方式（图5-39）。

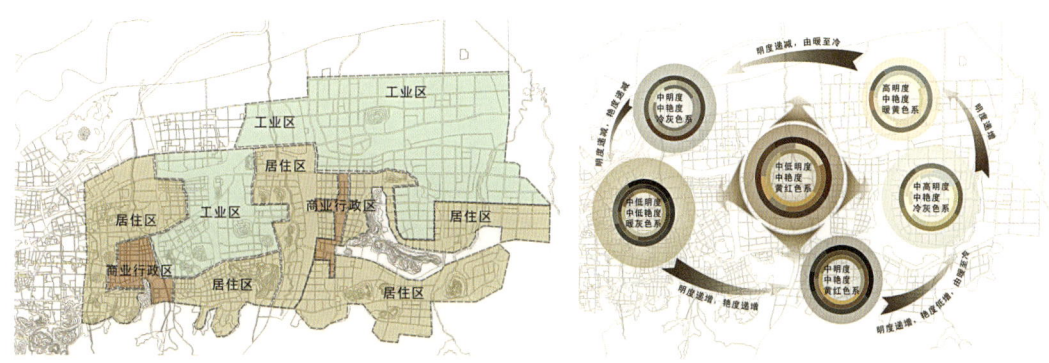

图5-38 色彩功能分区　　　　图5-39 色彩主调走势分析

（二）色彩营造策略

1. 规划墙面色彩：黄灰色系为主调，浅红褐色系为辅调，浅灰色系次之（图5-40）。

2. 规划屋顶色彩：较深的棕红色系为主调，深灰色系为辅调（图5-41）。

3. 建筑材料：建议居住区以石材、涂料、面砖、陶板为主要材料；工业区以涂料、面砖、石材为主要材料；商业行政区以玻璃幕墙、铝板、石材、面砖为主要材料。

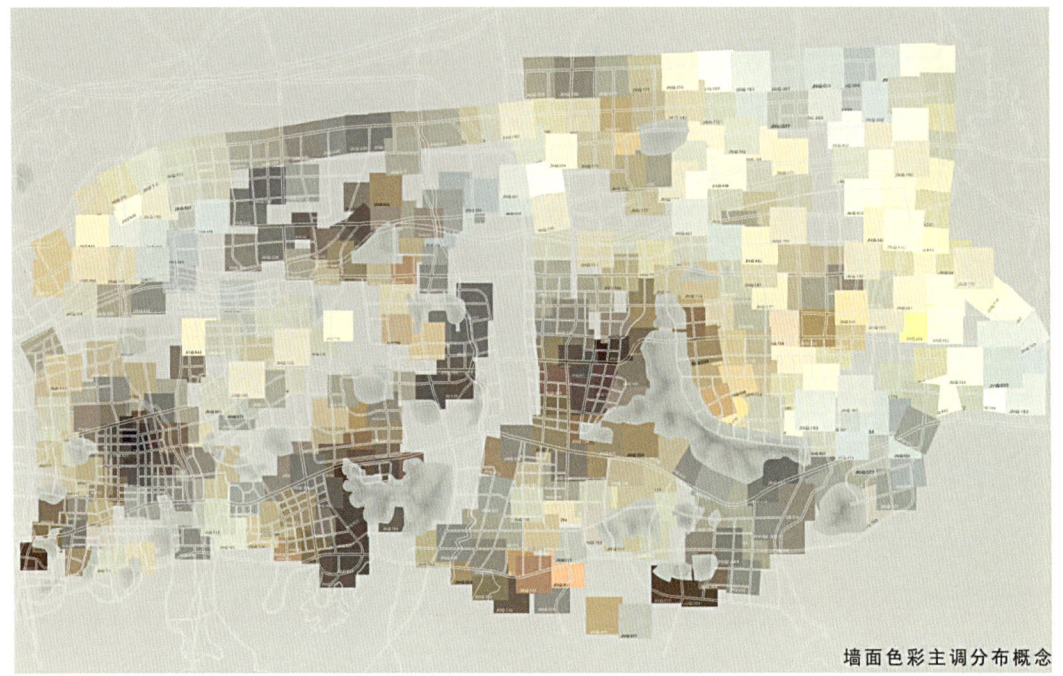

图 5-40 墙面色彩主调分布

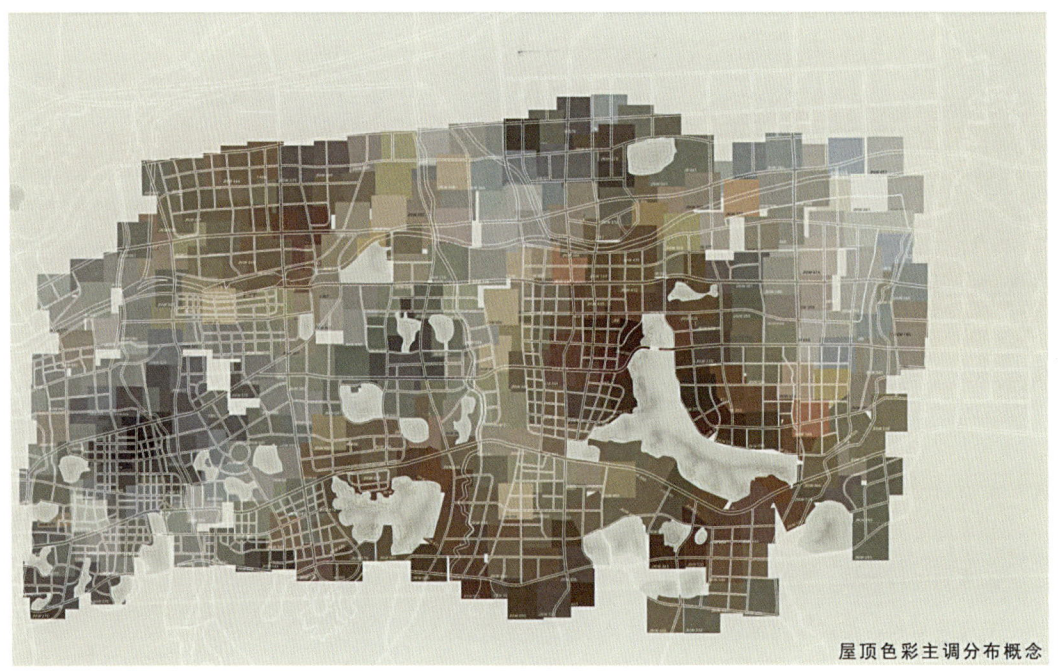

图 5-41 屋顶色彩主调分布

三、东部新城色彩推荐用色

（一）墙面推荐用色

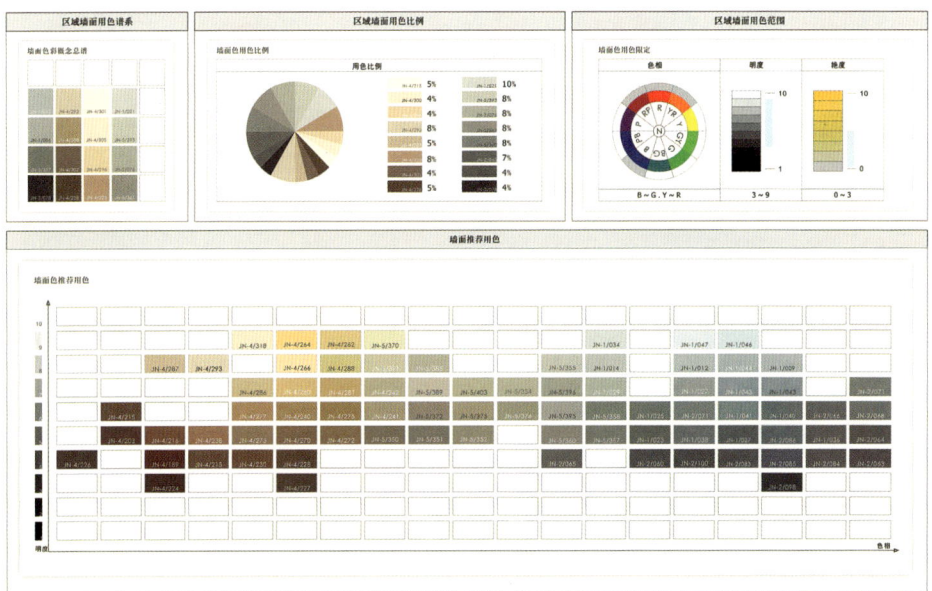

图 5-42　东部新城墙面推荐用色

（二）屋顶推荐用色

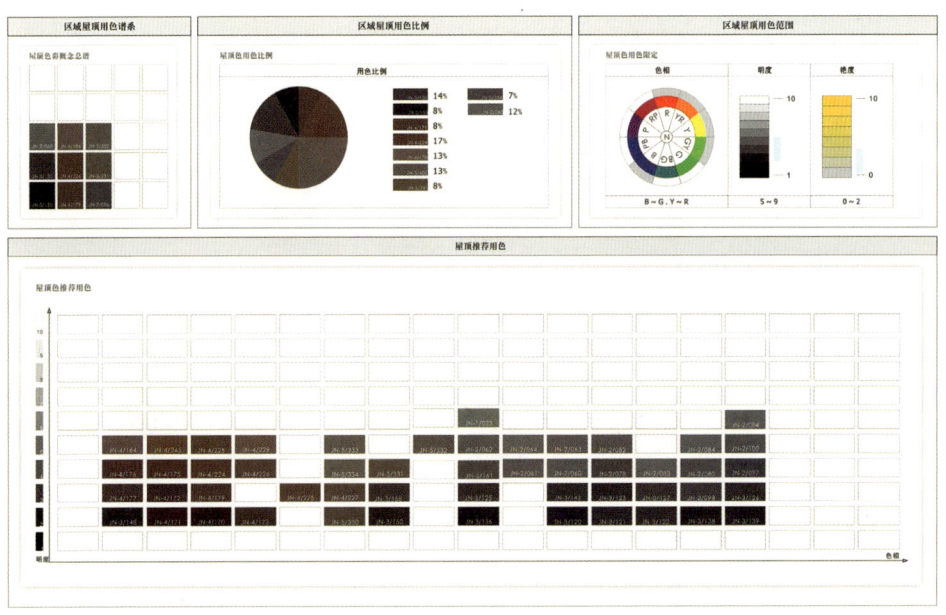

图 5-43　东部新城屋顶推荐用色

（三）点缀色推荐用色

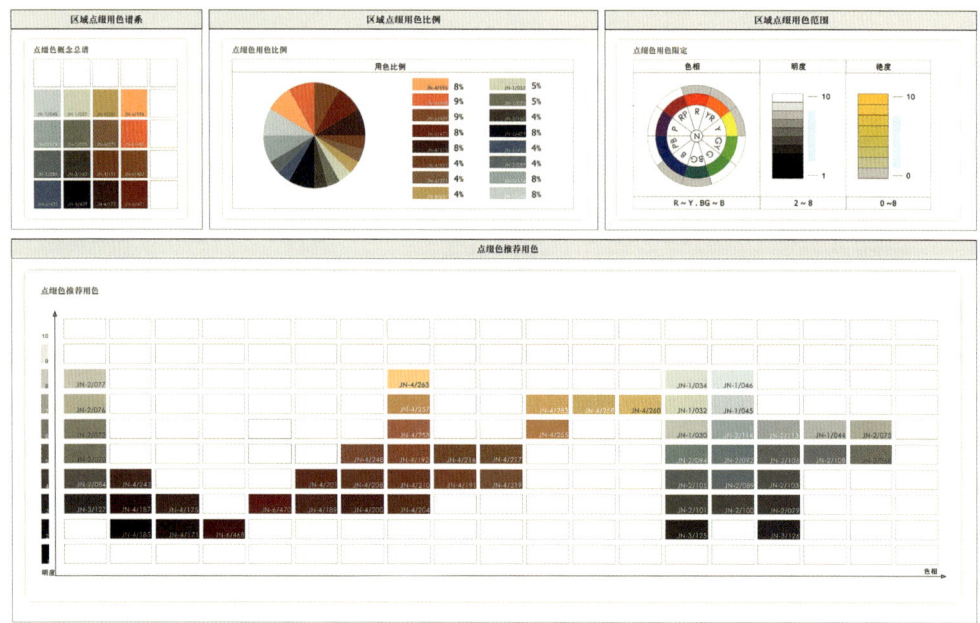

图 5-44　东部新城点缀色推荐用色

（四）建筑配色

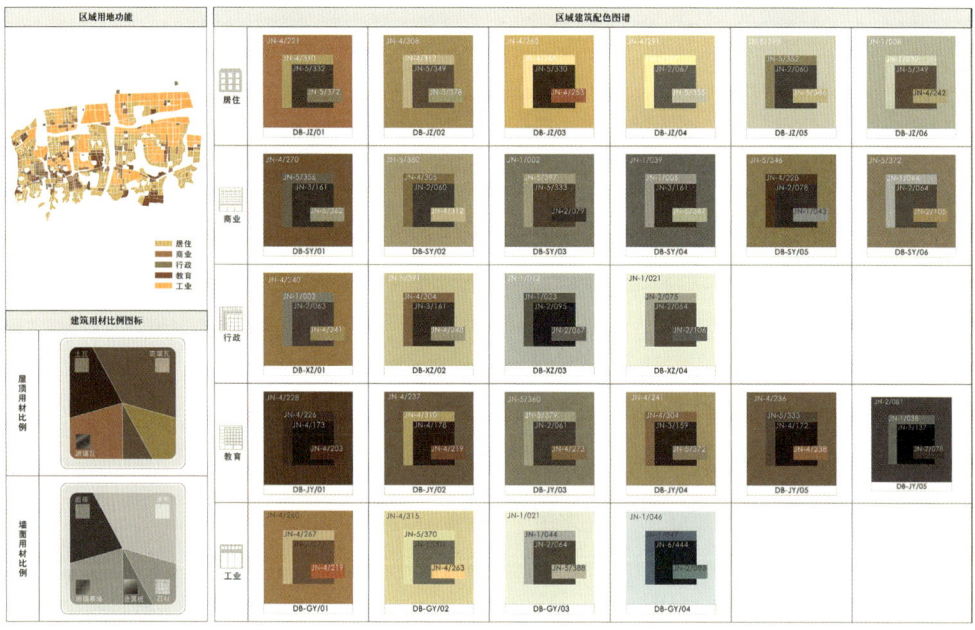

图 5-45　东部新城建筑配色

第五节 滨河带——明雅淡彩

一、滨河带色彩概况

（一）存在问题

该区域用地布局混杂，中心不突出，整体色彩零乱、混杂，品质感不高（图 5-46）。各功能区新旧建筑交替出现，色彩应用随意，缺乏必要的联系与过渡，整体较为混乱。沿小清河天际线单调，缺乏标志性建筑，缺少公共空间和绿化渗透空间，亲水性不足。现况部分滨水建筑用色适度，但也有部分小区建筑陈旧，用色过于单一。工业区整体色彩杂乱，厂区与厂区之间缺乏色彩协调，整体形象较差。小清河两侧部分建筑不符合滨水建筑的形象定位，滨水建筑色彩与自然环境不够协调。户外广告形式多样，缺乏整体设计。

（二）规划对策

滨水建筑一般为城市景观视点，如何打造良好的临水景观色彩成为提升城市形象的重要手段。滨河区内的两条水系，一个是小清河，一个是黄河，滨水建筑应分别处理好与两个水系的协调关系。考虑水上的视觉效果，滨水建筑立面为前景，背后的立面为背景，按此方式处理色彩关系。重点地段应作专项色彩设计，协调沿街不同单位之间的色彩关系指导具体的色彩管理工作。滨水建筑应与植被、水系和天空相协调，色彩相对淡雅活泼，墙面主调宜采用中高明度、中艳度、多色相的彩色系。还必须考虑沿水系的线态建筑群整体立面形象，禁止使用过于饱和的红、黄、蓝色等，以取得与周边环境的协调。

二、滨河带色彩定位

（一）色彩规划结构

滨河带是以商贸物流、商业居住、商务办公、休闲旅游为主导，宜居、宜业、宜游的北部特色新城区（图 5-47）。划分为工业、居住、教育文化和商业四个功能分区。工业区墙面主

图 5-46 建筑色彩零乱、混杂，品质不高

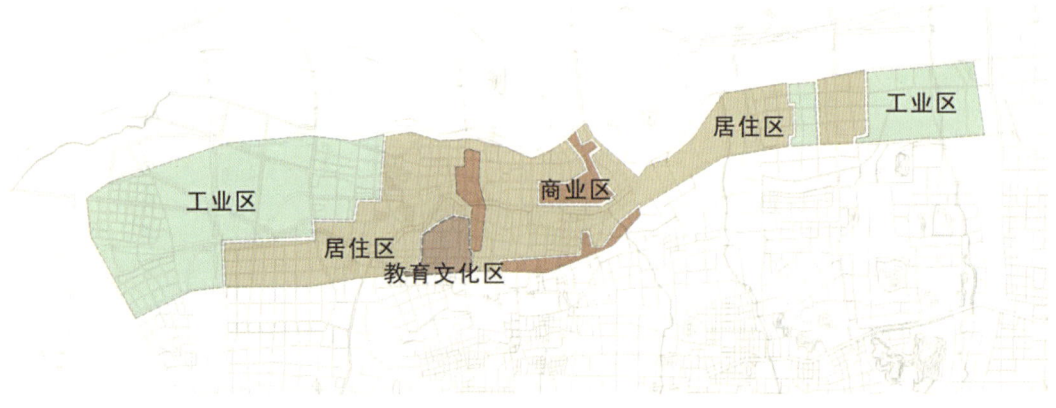

图 5-47 色彩功能分区

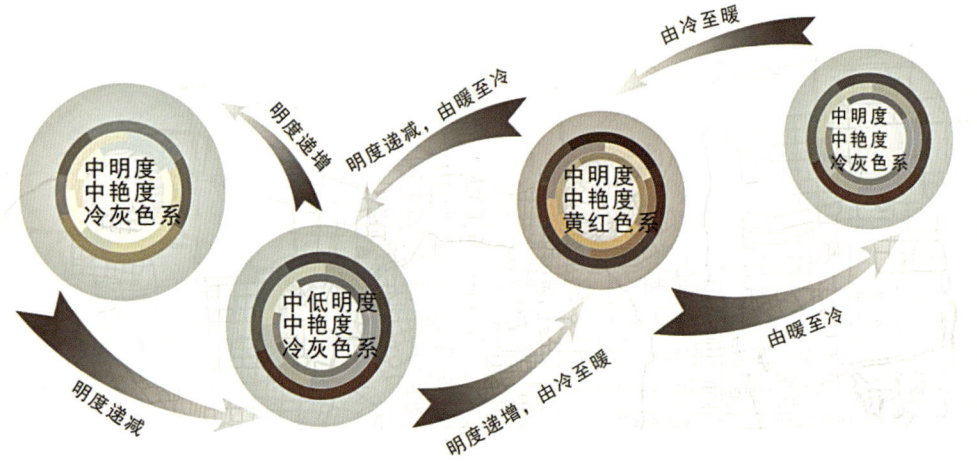

图 5-48 色彩主调走势分析

色调以中高明度的冷灰色系为主,居住区墙面主色调则以中高明度的暖灰色系为主,文教区墙面色彩以中高明度中艳度的暖色系为主,商业区墙面色彩以中明度中艳度的暖色系为主。由此推导该区域的色彩趋势是由两端冷灰色系逐渐向中间过渡到暖灰色系,两端明度稍低,中间明度稍高(图5-48)。

(二)色彩营造策略

1. 规划墙面色彩:灰褐色系为主,浅灰色系为辅(图 5-49)。

2. 规划屋顶色彩:棕红色系为主,深灰色系为辅(图 5-50)。

3. 建筑材料:建议居住建筑以石材、面砖、涂料、陶板为主要材料,商业建筑以玻璃幕墙、铝板、石材为主要材料。

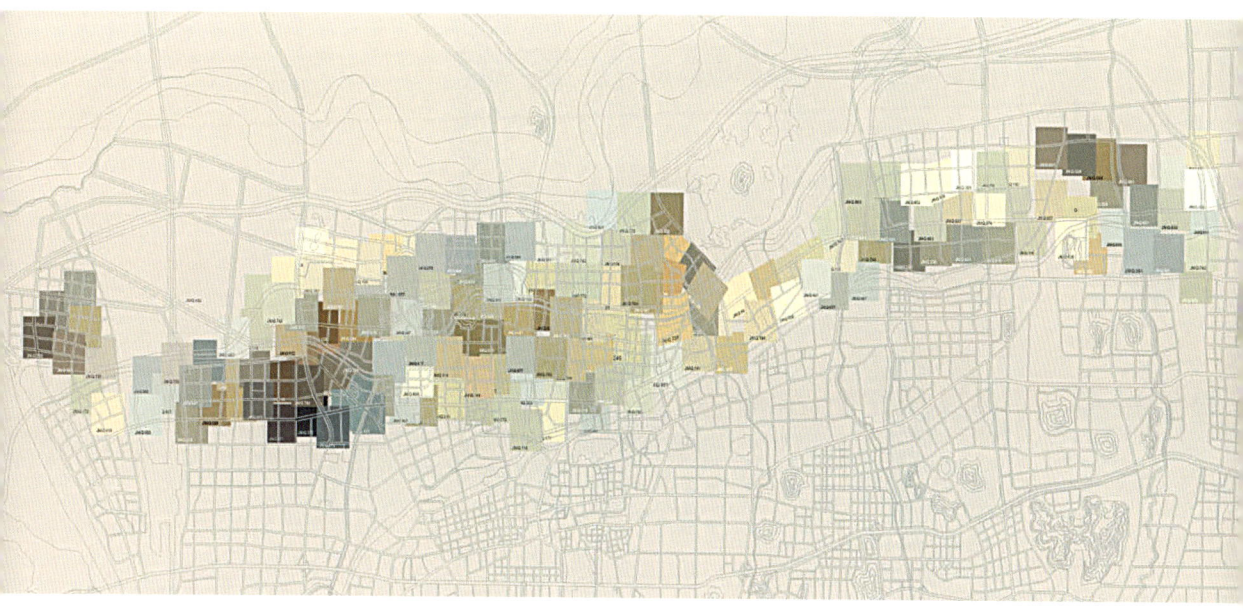

图 5-49 墙面色彩主调分布

图 5-50 屋顶色彩主调分布

三、滨河带色彩推荐用色

(一) 墙面推荐用色

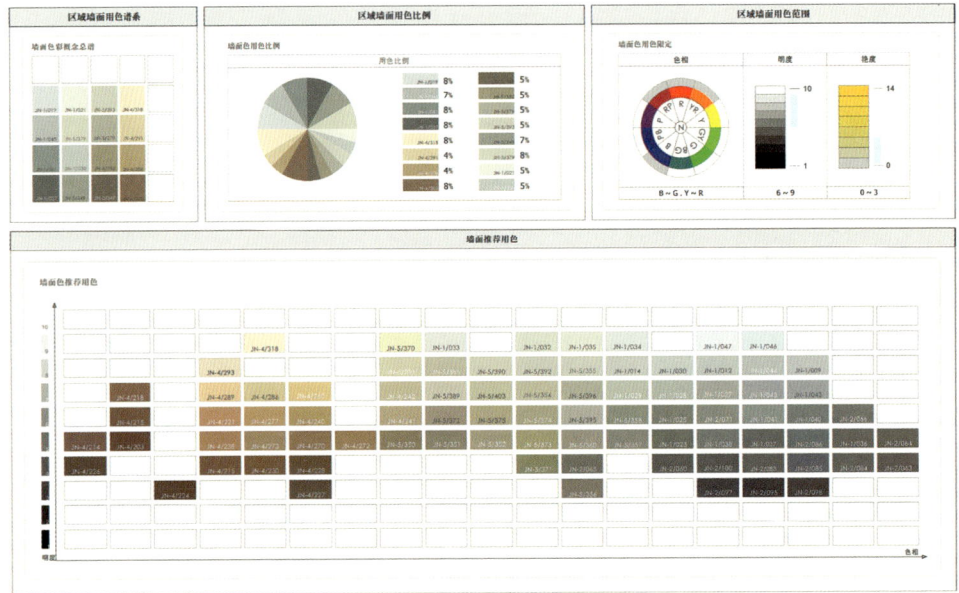

图 5-51 滨河带墙面推荐用色

(二) 屋顶推荐用色

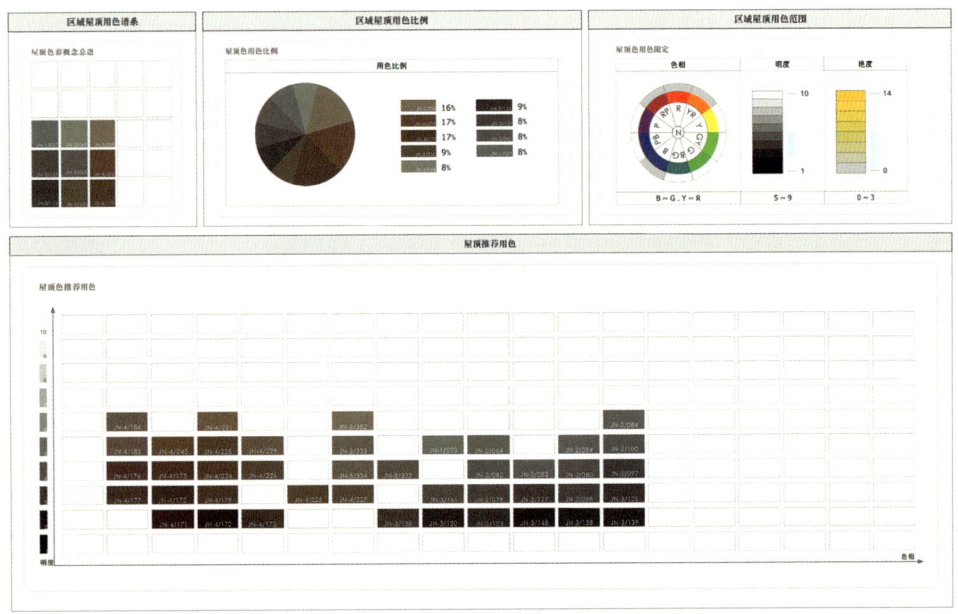

图 5-52 滨河带屋顶推荐用色

（三）点缀色推荐用色

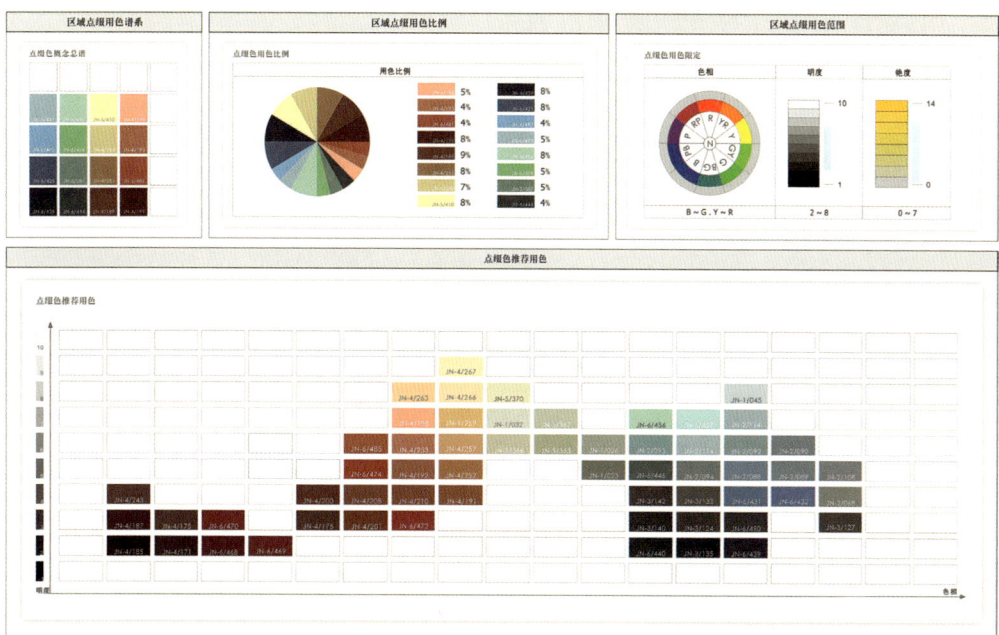

图 5-53　滨河带点缀色推荐用色

（四）建筑配色

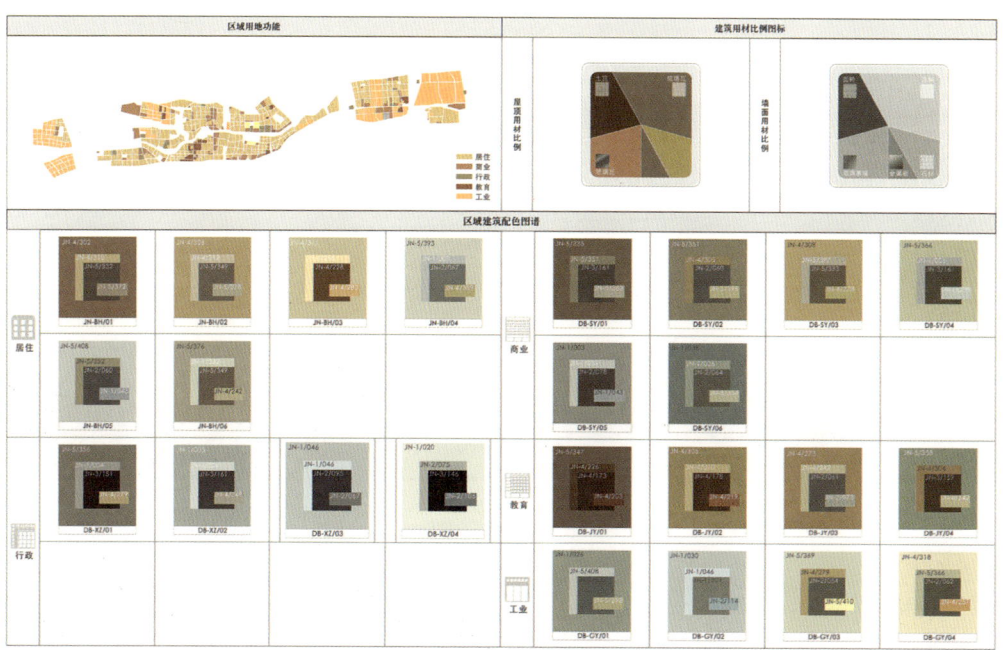

图 5-54　滨河带建筑配色

第六节 邻山带——暖褐红瓦

一、邻山带色彩概况

（一）存在问题

该区域主要以居住用地和文教、科技类公建为主，整体色彩面貌相对较好，但仍有较大提升空间（图5-55）。邻山建筑色彩缺乏整体性，街道立面色彩不够连贯，缺乏秩序感和韵律感。部分小区点缀色艳度太高、配色不合理，出现大量强对比的色彩，破坏了区域色彩形象。部分沿街相邻建筑主调反差过大，对街道形象品质影响较大。需加强控制沿街建筑体量及高度，注意协调未建建筑与已建建筑之间的色彩关系。邻山带街道南立面应结合背景山体进行设计，注重与自然环境的结合，沿街建筑应根据功能定位，进行强化设计，通过若干地标建筑，提升街道的形象品质。另外街道建筑广告还存在用色杂乱、破坏街道立面形象，缺乏色彩规范的问题。

（二）规划对策

作为与自然景观结合紧密的邻山带，是要着力打造的高品质区域。这些区域的色彩不仅要根据自然景观的特点确定，考虑不同季节建筑色彩与山体、植被、水系、大气的协调关系，更要立足高端设计，在营造色彩时树立精品意识。邻山建筑通常选择与自然接近的沉稳的颜色，以暖灰色彩为主，以协调周边山体色彩。邻山街道应考虑街道色彩同山体背景色之间的关系，形成有纵深、有层次的色彩效果。区域色彩的营造应本着与自然景观融合的原则，因地制宜。由临山建筑和街道为起点，逐渐向常规区域进行色彩渐变，强化由常规区域向临自然景观区域的色彩纵深变化轴线。重点区域应作点对点的色彩设计，加强在建设过程中动态监控，通过一定时间的管理，形成高品质的示范区域。邻山带区域也是城市色彩管理的重点区域，它代表城市高端形象。因此，对建筑色彩的审核，应坚持高标准、严要求的原则。

图5-55 邻山带建筑整体色彩面貌相对较好

二、邻山带色彩定位

（一）色彩规划结构

邻山带是以商务办公、生活居住、产业科研、体育休闲、文化教育为主的复合功能发展带和城市综合交通走廊，共划分为四段。西部新城段从担山屯立交到二环西路；主城区段从二环西路到二环东路；燕山贤文段从二环东路到绕城高速；唐冶片区段从绕城高速到西巨野河（图5-56）。西部新城段主要为商住功能，色彩以暖褐色系为主基调，自西向东，由深至浅，由暖褐色系向黄灰色系过渡。主城区段商住、教育功能较多，色彩以灰黄色系为主基调，该路段东部以黄灰色系为主，到中部逐渐变淡，形成较浅的暖黄色系，再由浅至深，形成东部沉稳的黄红色系。燕山贤文区段以商务、科技为主，色彩以冷灰色为主，向东延伸，由深至浅。中部是较浅的暖灰色系，向两端由素到艳，由浅至深。由此推导，邻山带色彩基本趋势为两端暖中部冷，两端深中部浅，自东向西，深浅交错，冷暖交织西段赭色，中段褐色，东段茶色（图5-57）。

（二）色彩营造策略

1. 规划墙面色彩：西部新城段墙面色彩以暖褐色系为主，冷灰色系为辅；主城区段墙面色彩以灰黄色系为主，以中等明度的暖灰色为辅；燕山贤文段墙面色彩以冷灰色为主，以暖褐色系为辅；唐冶片区段墙面色彩以褐红色系为主，以米黄色系为辅（图5-58）。

2. 规划屋顶色彩：西部新城段以深灰系为主；主城区段辅以土红色系为主；燕山贤文段以灰瓦色系为主；唐冶片区段以较深的暖灰色系为主（图5-59）。

3. 建筑材料：建议金融公建类建筑以玻璃幕墙、石材、铝板为主；居住类建筑以涂料、面砖、陶板为主要材料，教育类建筑以石材、涂料、面砖为主。

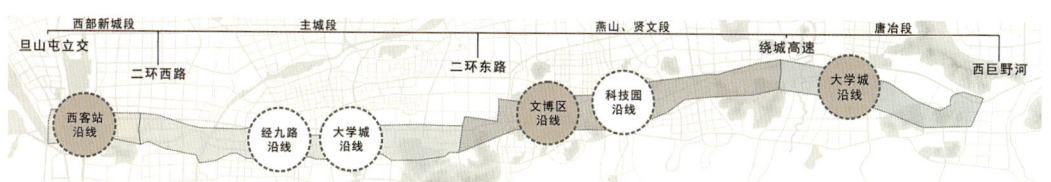

图5-56 色彩功能区位分析

图5-57 色彩主调走势分析

图 5-58 墙面色彩主调分布

图 5-59 屋顶色彩主调分布

泉城色彩——塑造赏心悦目的城市

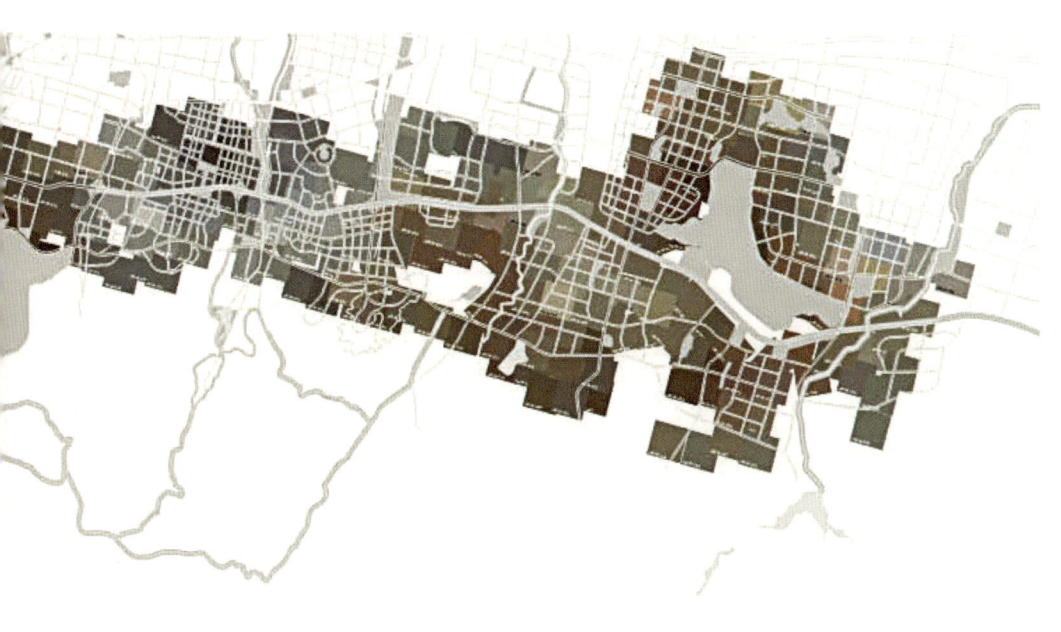

三、邻山带色彩推荐用色

（一）墙面推荐用色

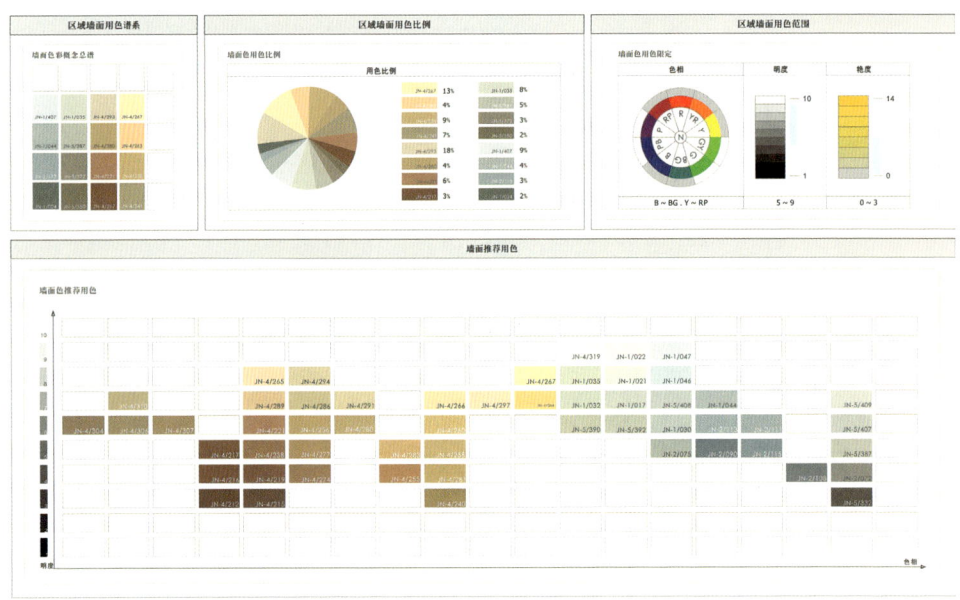

图 5-60　邻山带墙面推荐用色

（二）屋顶推荐用色

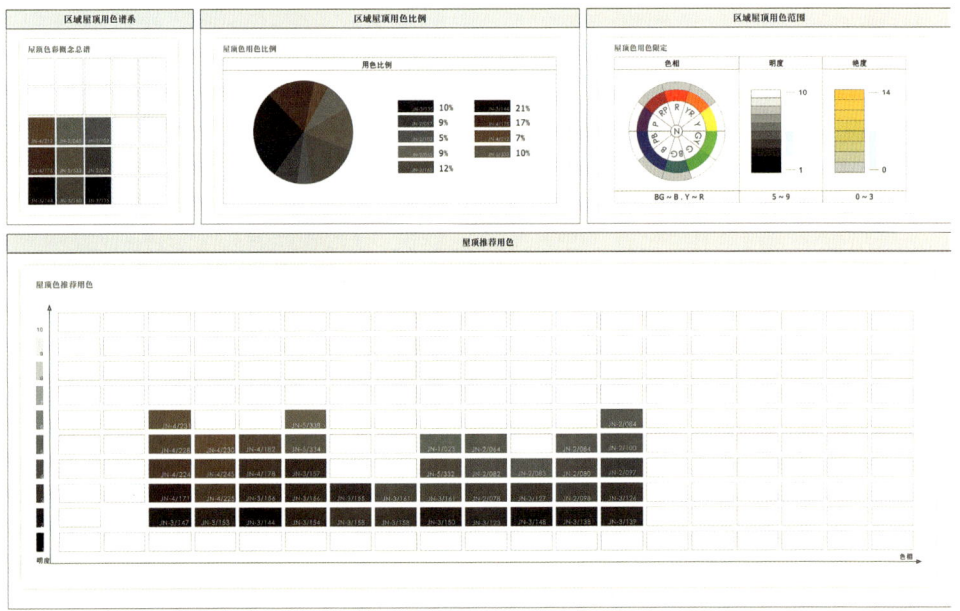

图 5-61　邻山带屋顶推荐用色

（三）点缀色推荐用色

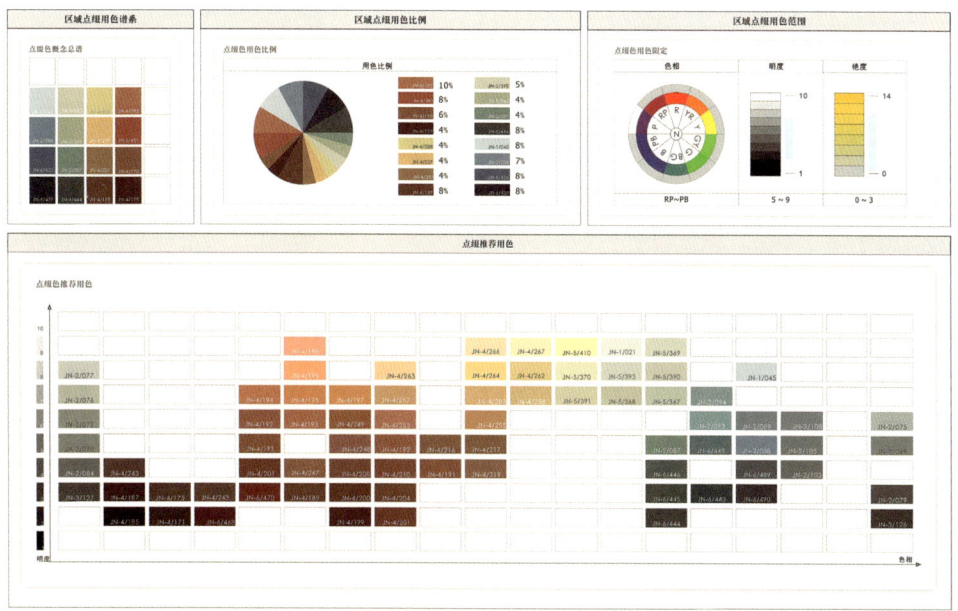

图 5-62　邻山带点缀色推荐用色

（四）建筑配色

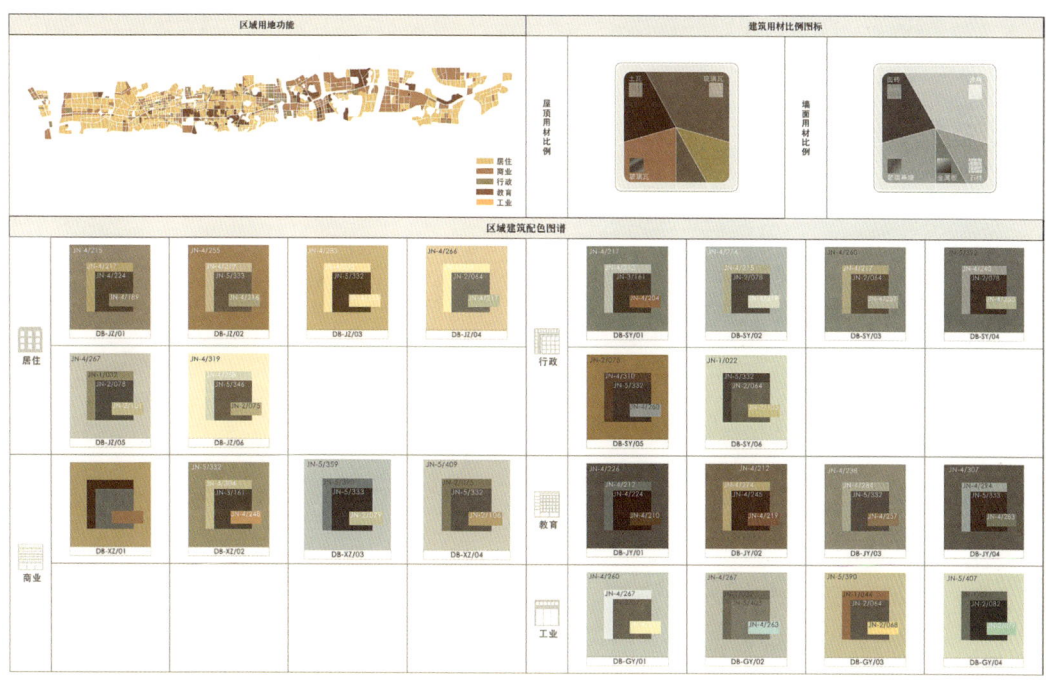

图 5-63　邻山带建筑配色

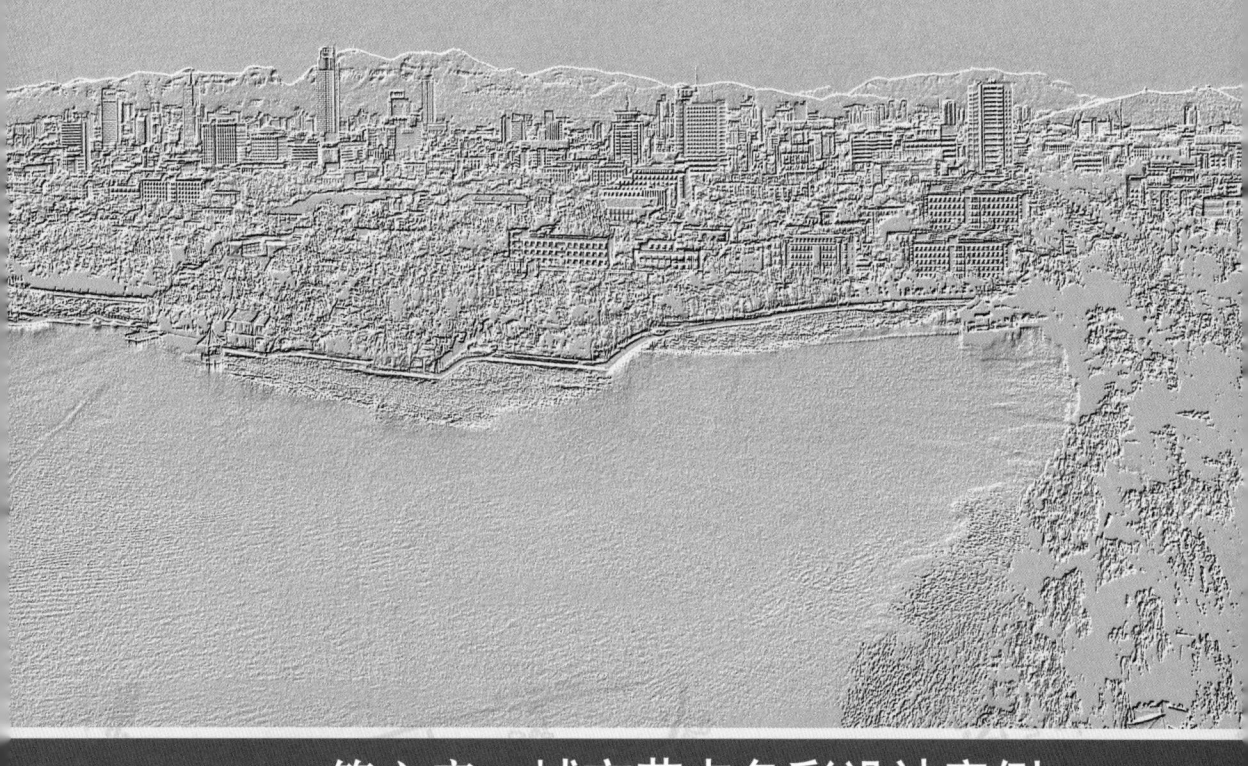

第六章　城市节点色彩设计案例

依据总体和分区色彩方案，济南城市色彩规划在详细规划方面做了部分探索，本章将介绍将军庙片区、西客站区域、文博片区及滨河新区的案例。将军庙片区为历史文化街区的色彩规划案例，西客站区域和文博片区是济南新区的色彩规划案例，滨河新区是济南滨水区的色彩规划案例，这四个片区都具有一定的代表性，可以为将来济南的城市色彩详细规划提供参考。

第一节 将军庙片区色彩设计案例

一、规划概述

(一) 区域位置：

将军庙地区位于济南古城西北部，南依济南最重要的商业街——泉城路，北接景色旖旎的大明湖景区，历史遗存丰富，地理位置极佳。本次研究的范围东起鞭指巷、西至趵突泉北路，南起泉城路，北至明湖路，基地呈南北狭长形，南北长约 800 米，东西宽约 250 米，总面积约为 20 公顷（图 6-1）。

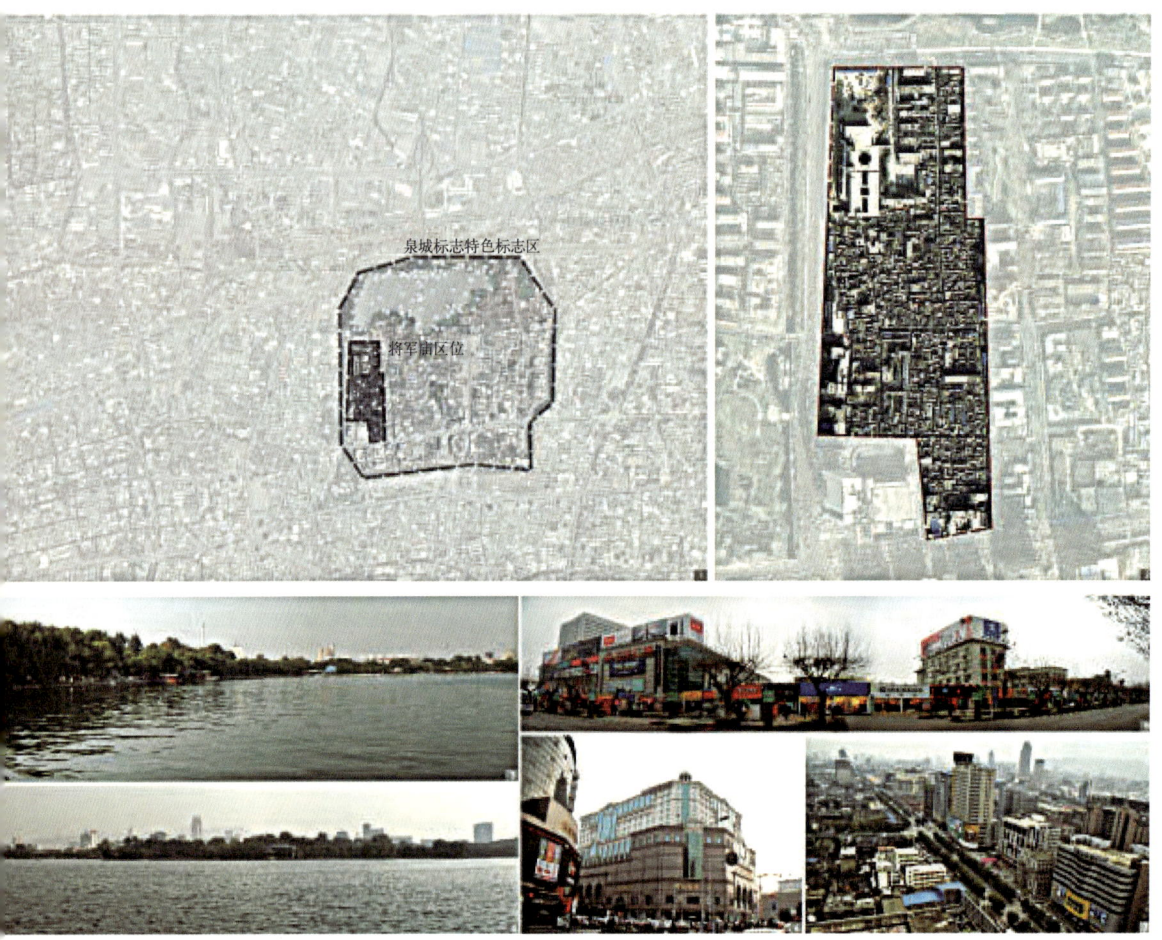

图 6-1　1 宏观区位图　2 将军庙片区整体规划范围　3 大明湖北岸　4 大明湖南岸　5 泉城路临时商业街　6 泉城路商业街　7 泉城路商业街鸟瞰

（二）规划目标

1. 古城复兴与有机更新。

2. 打造济南特色的新地标。

3. 与周边现代商业环境的协调。

二、古城区建筑色彩现状分析

（一）保留建筑

将军庙区域保留有大量文物建筑。建筑保存状态良好，具有原生态的色彩面貌。通过分析保留建筑的色彩现况，可以捕捉到济南传统色彩，探索济南传统特色的色彩及配色方式。这样既能将保留建筑作为色彩布局方案的推演基础，又可将其作为未来有机更新的色彩应用范式（图6-2）。

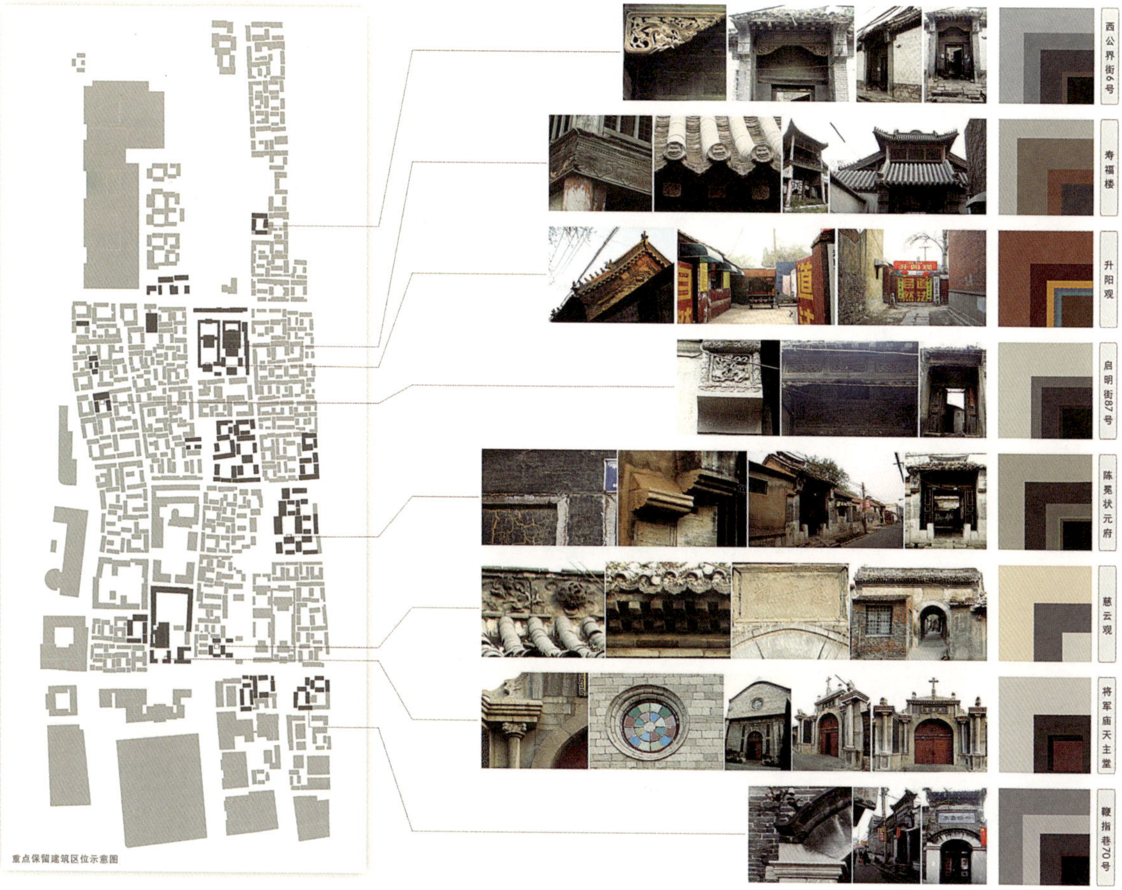

图6-2 保留建筑

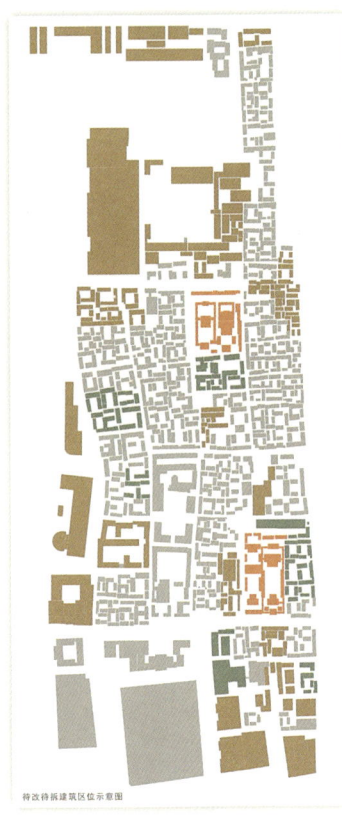
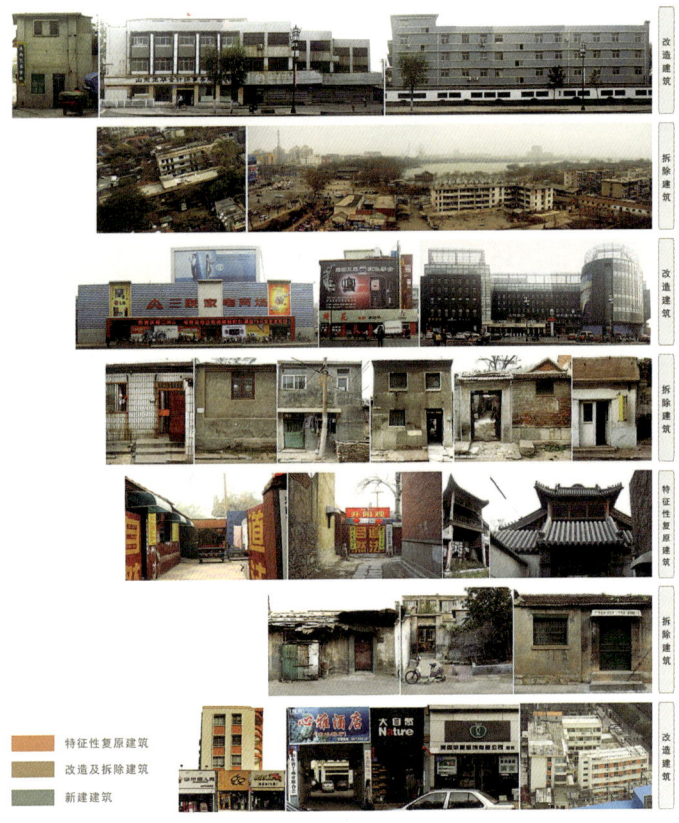

图6-3 待更新建筑

（二）待更新建筑的现况

待更新的建筑，多为保存质量不高或与传统风貌不协调的一些问题建筑（图6-3）。问题主要体现在以下几个方面：

1. 建筑色彩品质不高。

2. 建筑风格不合时宜，缺乏时代感。

3. 商业色彩的负面影响。

针对不同的问题，在规划过程中采用了不同的策略。比如，采用"整旧如旧"的复原方法，提升建筑色彩品质。采用"移花接木"的改良方法，通过传统色彩符号的衍变应用，来解决建筑风格不协调的问题。而对商业色彩，则采用"限制尺度、各归其位"的策略，通过系统的规划来实现有序控制。

（三）传统建材色彩梳理

见（图6-4）。

图6-4 将军庙片区建筑用材色彩汇总表

(四) 屋顶色彩现况还原

通过对将军庙现存区域色彩风貌的考察，可以看出将军庙区域的屋顶仍以灰瓦为主，少量红褐色的瓦顶点缀其中。由此可以得出结论，将军庙区域屋顶的色彩基调为灰瓦色，辅调为灰褐色。此外，散落其间的高艳度蓝色彩钢瓦非常突兀，与整体风貌不协调。因此，在规划中建议将其剔除（图6-5）。

图6-5 屋顶现况还原示意图

（五）墙面色彩现况还原

通过考察将军庙区域的建筑墙面色彩，不难发现，墙面基本以青砖色调为主，辅以红砖、旧水泥和天然石材的颜色。根据济南传统"青砖银石、白墙灰瓦"的建筑用色，结合区域色彩现况，规划确定以青砖色系为基调，白墙色系和天然石材色系为辅调（图6-6）。

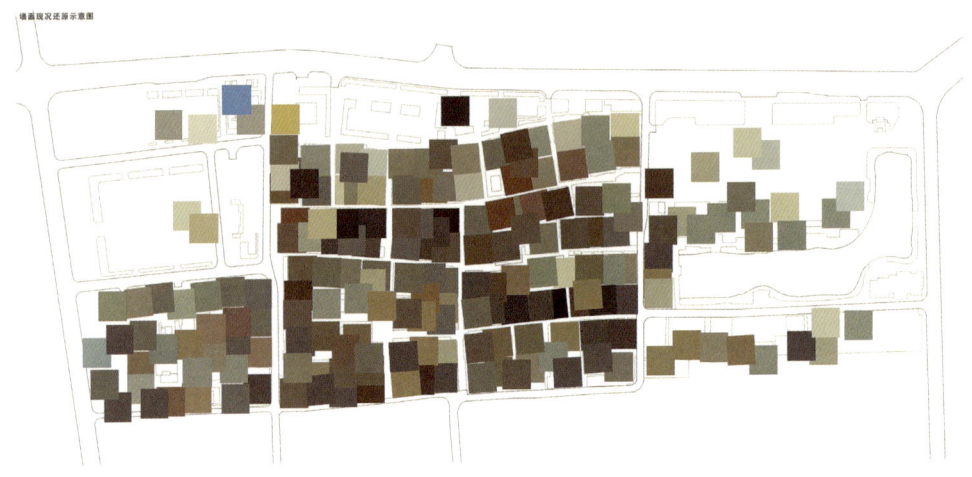

图6-6　墙面现况还原示意图

三、功能分区及色彩定位

整个将军庙地区依据历史遗存状况和规划功能定位划分为南、北、西、中四个片区，分别为传统商业文化综合区（南区）、小明湖商办区（北区）、城墙风光带（西区）、庙堂文化区（中区）（图6-7）。

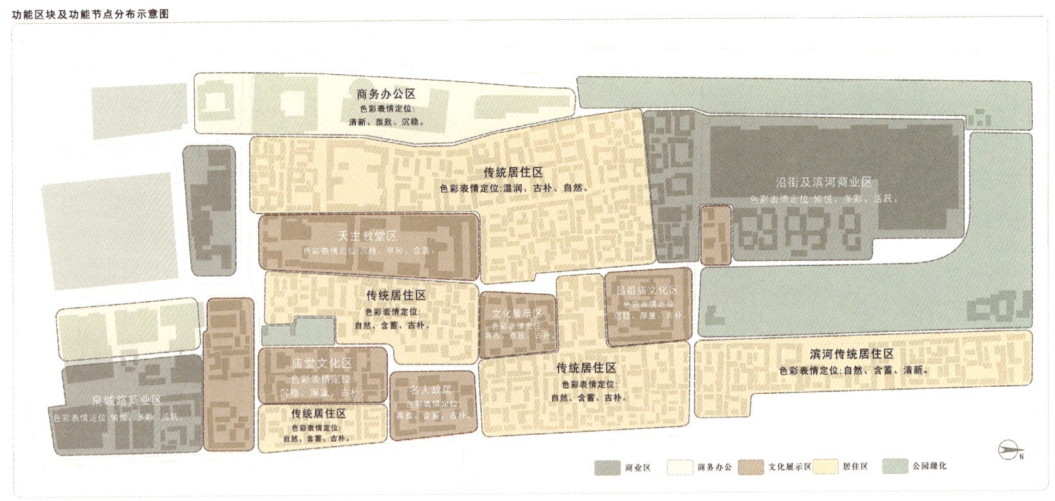

图6-7　功能区块及功能节点分布示意图

根据将军庙地区的功能定位及历史遗存状况和现况的调研分析，将军庙地区每个区位的色彩表情进行定位，对色彩演绎提出指导。

四、色彩结构概念分析

在将军庙地区整体规划基础上，结合该区现况调研分析、筛选、整理后的色彩谱系，按照色彩设计学原理进行组织和优化，以各片区的历史遗存及功能定位为依据，推导出未来将军庙地区主旋律的营造概念。主要区块、节点主色调定位，从而形成如图6-8所示色彩主旋律结构概念（图6-8）。

色彩结构概念分析示意图

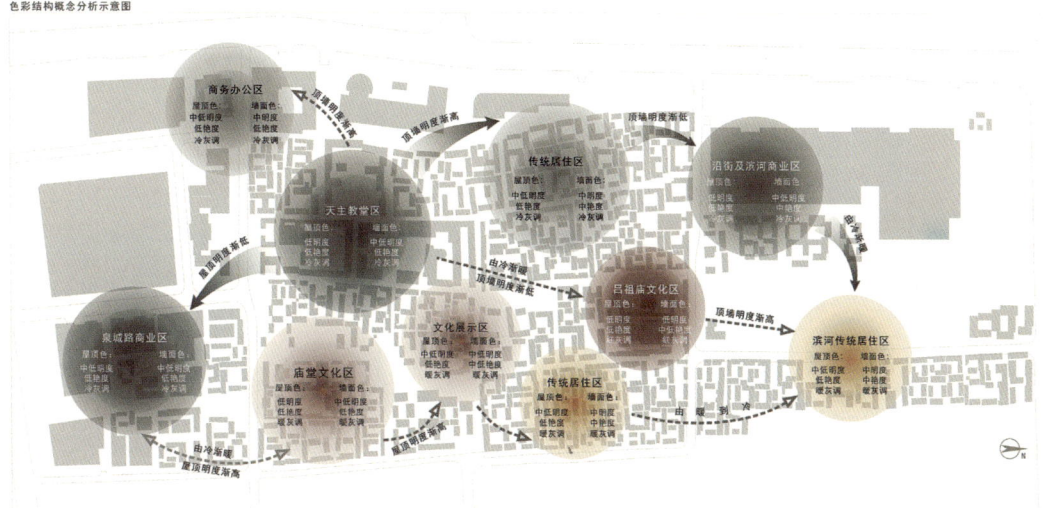

图6-8 色彩结构概念分析示意图

五、色彩规划初步方案

（一）保留屋顶色

呈现保留建筑的屋顶色彩，其目的是要看清规划用地范围内已有屋顶的基础情况，分析它们在空间中的色彩关系，探寻彼此之间可能存在的色彩逻辑，为屋顶色彩规划方案的演绎提供依据（图6-9）。

（二）屋顶色彩规划方案

在尊重客观存在的屋顶色彩和场地调节的前提下，在已有将军庙区域城市设计方案的基础上，采用"整体协调，局部求变"的色彩规划方式，提出层次细腻，变化丰富的屋顶色彩平面分布方案（图6-10）。

泉城色彩
——塑造赏心悦目的城市

图 6-9 重点建筑屋顶现况还原

图 6-10 屋顶色彩概念示意图

图 6-11　重点建筑墙面现况还原

（三）保留墙面色

盘点规划用地内保留的色彩资源，摸清色彩的分布情况和空间联系，是进行色彩规划方案的前提。还原方案中已有的墙面色彩，可以清楚地看到墙面色彩中存在的问题颜色，明确如何通过未来的改造来协调现在处于割裂状态的色彩节点。为形成有机和谐的墙面色彩方案指明了方向（图 6-11）。

（四）墙面色彩规划方案

在保留建筑墙面色彩的基础之上，采用"确定核心、周边协调、以点带片，以片带面"的方式演绎而来。然后，根据大体量建筑对整体色彩景观的影响程度，调整周边建筑的色彩。对于不协调的色彩，采用消色的方法，使其向整体风貌靠近，最终形成墙面色彩的概念方案（图 6-12）。

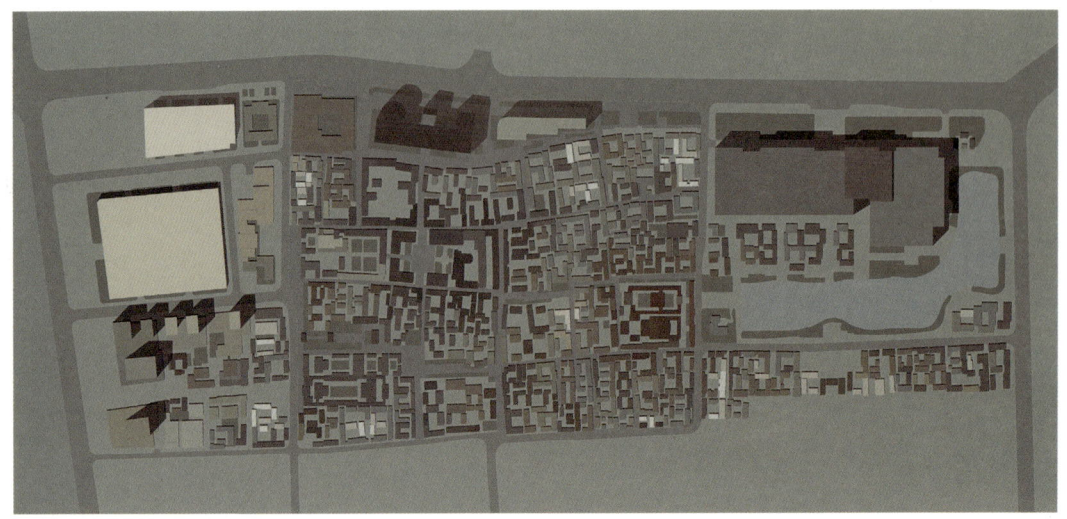

图 6-12 墙面色彩规划方案

（五）重要功能空间节点效果图

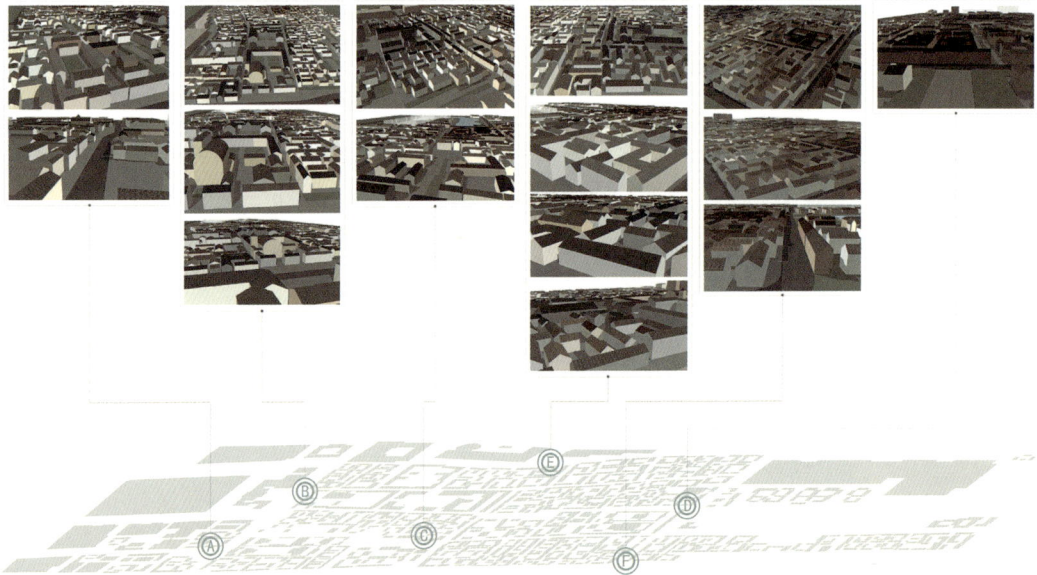

图 6-13 重要功能空间节点效果图

（六）色彩效果对比

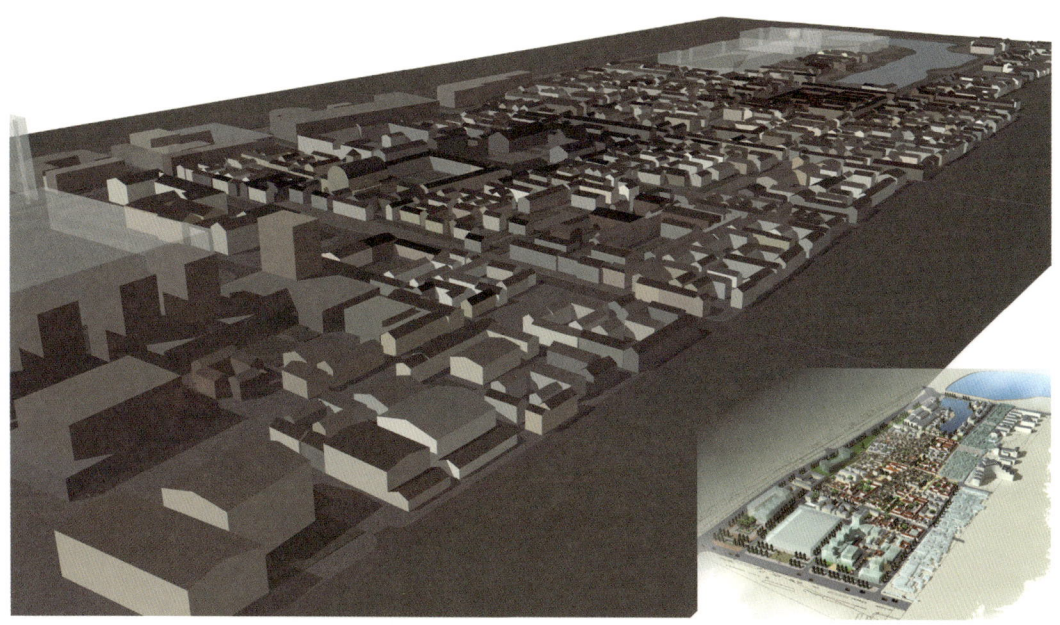

图 6-14 色彩效果对比

第二节 西客站区域色彩设计案例

一、规划概述

济南西站位于济南主城以西，在腊山新区的西客站片区内，位于西客站片区中轴线的西端，连接西部城区及老城区。西客站核心区依托高铁枢纽，重点发展商贸金融、商业服务、文化娱乐、会议展览等产业，是西部新城的城市标志性地区（图 6-15）。其规划原则与目标是营造以高铁为契机的现代商务中心，营造以历史为延续的齐鲁文化中心，营造以塑造济南新形象为重点的山东对外窗口。西客站片区的总体布局结构为"一站、两轴、三心、多团"，其发展定位是以西客站建设为契机，充分发挥"综合交通枢纽"对城市发展

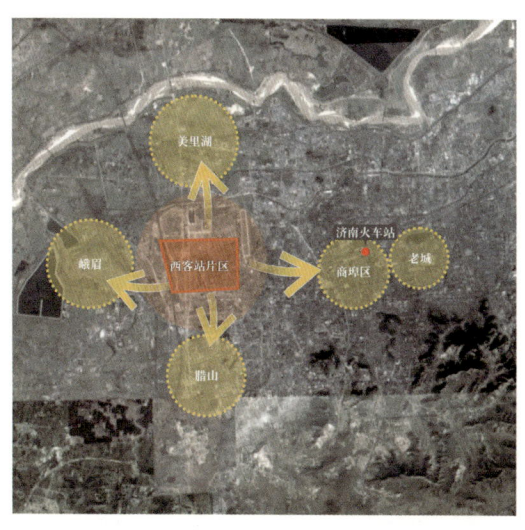

图 6-15 区域定位

的催化作用,实现由交通枢纽向枢纽型商业、商务中心区的转化,并成为提升济南地位和形象的综合性城市副中心。

二、色彩谱系归纳分析

(一)墙面、屋顶色彩调研现况还原

对西客站片区现状色彩的概念性呈现,目的在于对片区色彩做感性的认识与分析。从墙面和屋顶色彩现状分析可以看出,西客站片区建筑色彩质朴、沉稳、中庸,总体色调呈现为自然土、石的红灰、黄灰色(图6-16,图6-17)。除此之外,片区内的楼房、厂房、公建等建筑色彩也比较混乱,突出问题是色彩多元共生、缺乏有机的联系。

图6-16 墙面色彩现状还原　　　　　　　图6-17 屋顶色彩现状还原

(二)与济南城市整体色彩关系分析

根据对济南市建筑、自然景观、历史人文等各方面的调研分析,归纳出适合济南的色彩谱系,即:中低明度,暖灰色系。从大的方位上进行了合理区分——东西南北中,使几个区域的色彩既有整体联系又略有区别,形成直观的色彩分布概念图示(图6-18)。

(三)色彩主旋律家族谱系

将适合西客站片区的色彩按照色度组织排列,它们是主旋律概念总谱对实际色彩规划与设计的衍生应用,是组织色调和调和色彩的和谐群体。色彩家族谱系是营造西客站片区"和谐"、"雅韵"的色彩主旋律的基本色彩要素(图6-19)。

图 6-18　西客站与济南整体城市色彩关系分析

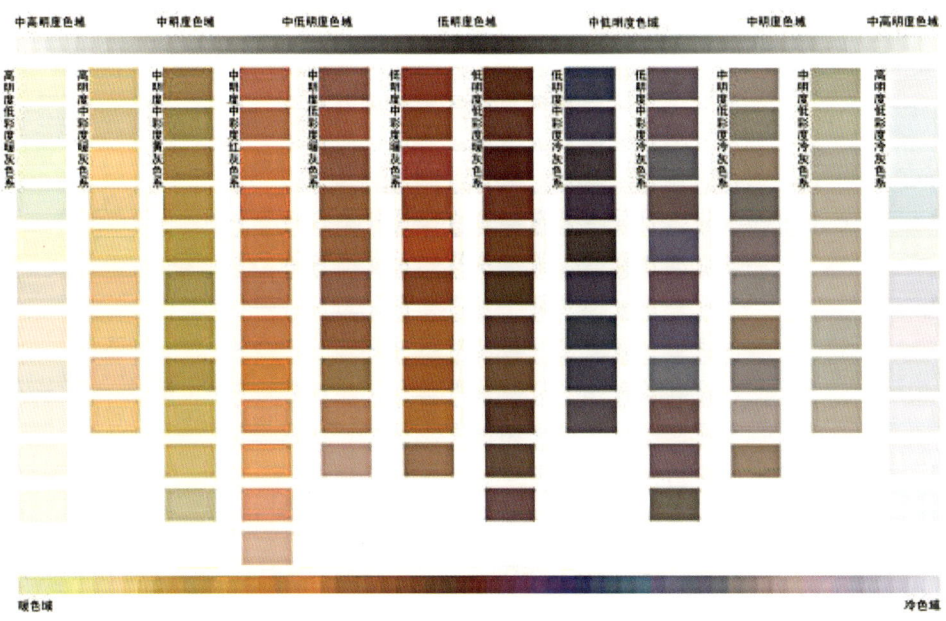

图 6-19　片区色彩主旋律家族谱系

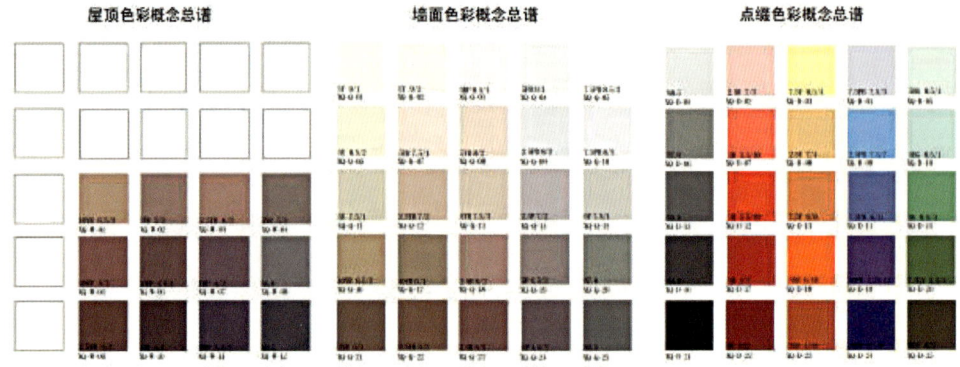

图 6-20 主辅调系统　　　　　　　　　　　　　　　　图 6-21 点缀色彩概念总谱

（四）色彩概念总谱系统

西客站片区色彩概念总谱系统由主辅调系统和点缀色系统构成。主辅调系统包括占主导地位的屋顶色彩和墙面色彩概念总谱，点缀色系统由建筑色彩中居于次要地位的建筑构件色彩（如柱、门、窗、阳台、广告牌等）概念总谱构成（图 6-20，图 6-21）。概念总谱在具体设计应用时，可进行细化衍生，从而得到更为丰富细腻的色彩谱系。

三、色彩定位与分析

（一）色彩形象概念主题词

根据调研结果，综合城市发展定位，规划提出了"和谐雅韵"的城市色彩形象理念。城市色彩形象理念的提出，旨在明确城市色彩形象定位，使城市色彩有着可意象的形象感，为城市色彩的营造与概念提供了明晰的概念与方向。以"和谐雅韵"为主题的城市色彩主旋律必须通过色彩本体的诠释，才能进行直观的评价和清晰的规划。

（二）各分区形象定位和色彩表情

根据西客站片区城市功能定位分析，结合各功能分区的景观色彩特质，确定各分区的形象定位和色彩表情。每个分区通过色彩形象关键词，结合功能与形象之间的关系，做出西客站片区色彩形象定位，为各分区的色彩规划提供指导和设计依据（图 6-22）。

（三）片区城市色彩规划控制级别划分

西客站片区色彩控制强度划分为三个等级：京沪高铁沿线、站前商务办公区及经十路沿线为一级控制区，属于色彩强控制区；居住区为二级控制区，属于中等强度控制区；商住混合区为三级控制区，属于色彩弱控制区（图 6-23）。

图 6-22 分区形象定位和色彩表情

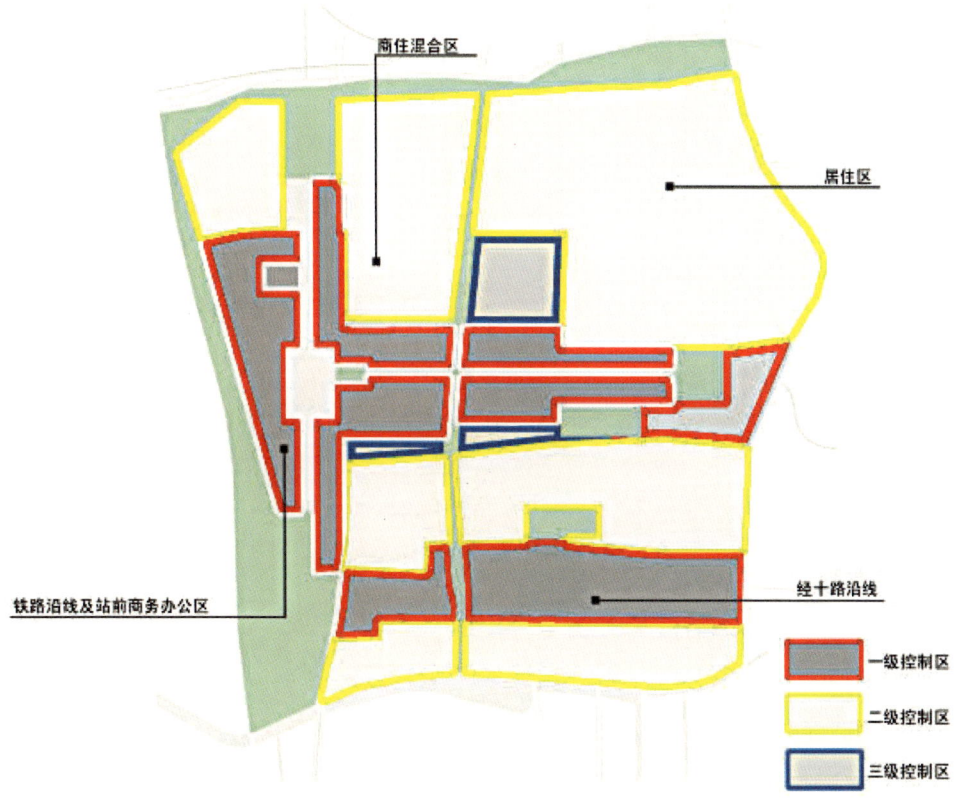

图 6-23 片区城市色彩规划控制级别划分

四、片区主色调与其他色彩设计概念分析

(一) 主色调概念演绎

西客站总体色彩以中低明度、中低彩度、黄灰色系为主调,以铁路沿线和站前街为两大主轴、经十路沿线和腊山河为两个副轴向主城区方向逐渐变亮、变暖的色彩变化趋势,彰显和谐、雅韵的视觉感受(图6-24)。

(二) 墙面用色理想概念演绎

根据对西客站片区"和谐雅韵"色彩感受的定位,将色彩总谱中的色彩在城市空间中进行概念演绎,形成直观的色彩分布概念图示。图6-25呈现的是西客站片区墙面色彩的理想分布概念,色彩形象主要由丰富的咖啡色系、黄灰色系等暖灰色彩构成,辅以中性灰色系。呈现出以铁路线和站前街两大主轴、经十路和腊山河两个副轴向主城区方向逐渐变亮、变暖的色彩变化趋势,彰显和谐、雅韵的视觉感受。

(三) 屋顶用色理想概念演绎

根据对西客站片区"和谐雅韵"色彩感受的定位,将色彩总谱中的色彩在城市空间中进行概念演绎,形成直观的色彩分布概念图示。图6-26呈现的是西客站片区屋顶色彩

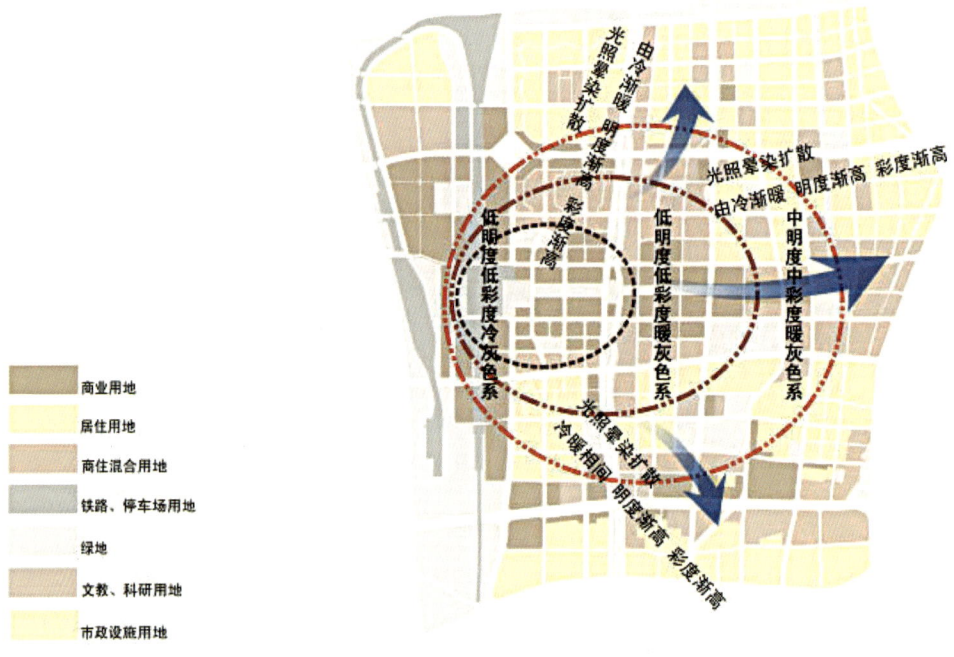

图6-24 西客站片区城市主色调概念分析

泉城色彩——塑造赏心悦目的城市

图 6-25　西客站片区城市墙面用色理想概念演绎

图 6-26　西客站片区城市屋顶用色理想概念演绎

的理想分布概念。色彩形象主要由咖啡色系、灰色系等暖灰色彩构成,辅以中性灰色系,总体颜色相对墙面色较深,可选择颜色种类较少,这是由屋顶的特殊结构、位置及人们的观察视角决定的。总体的概念演绎和墙面颜色一致,以铁路线和站前街两大主轴、经十路和腊山河两个副轴向主城区方向逐渐变亮、变暖的色彩变化趋势,彰显和谐、雅韵的视觉感受。

(四)西客站片区城市色彩概念效果

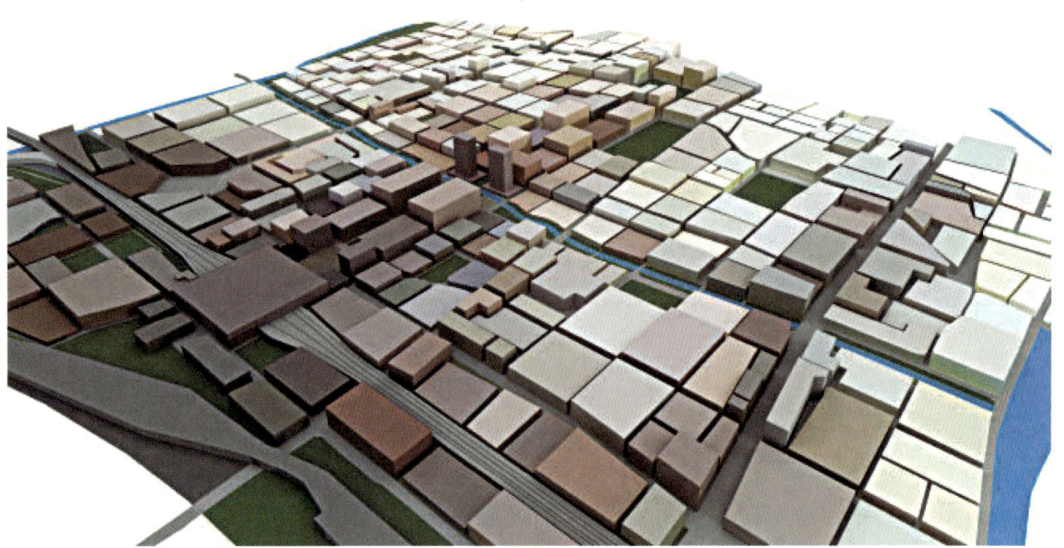

图6-27 西客站片区城市色彩三维模型图

(五)其他色彩设计概念分析

1. 西客站片区城市家具色彩规划概念

西客站片区城市家具色彩是在前期总体色彩规划的基础上,提取出的合适色彩。应用原则:高纯度、低明度,灰色系多用中灰和深灰,避免纯白、纯黑色(图6-28~图6-30)。

2. 西客站片区城市绿化色彩规划概念

城市色彩规划与控制以人工色彩为主。绿化色彩为城市色彩中的自然色彩,与环境协调度较高。在此,仅对绿化设计提供一些植物种类选择、搭配方式,供参考(图6-31)。

①一级控制区(商务办公区)

建筑色彩重,人流量大,污染较多,生活节奏快,人的心理高度紧张。植物色彩可以叶色较浅且季相变化丰富的树种为主,适当增加常绿树种的比例,与色彩较重的建筑色彩互补。尽量选用档次较高的植物类型,以彰显和提升该区的景观档次。

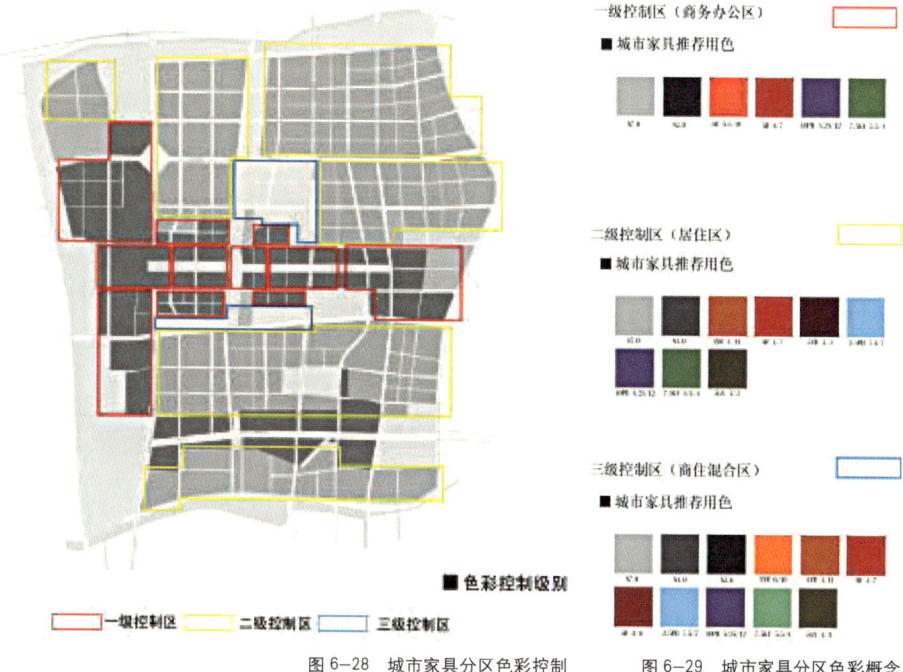

图 6-28 城市家具分区色彩控制　　图 6-29 城市家具分区色彩概念

■ 部分城市家具　图 6-30 城市家具

图 6-31 部分植物种类选择、搭配方式参考

②二级控制区（居住区）

建筑色彩总体上为较浅的暖灰色系，植物景观可以营造有益于生活居住、身心健康且丰富多样的色彩环境。建筑周边绿化、植物色彩可适当丰富一些。色彩较浅的建筑旁边可适当增加叶色较深的植物，以形成对比。

③三级控制区（商住混合区）

建筑色彩相对丰富，为营造城市商业繁荣的氛围，可选植物种类丰富多样。根据建筑色彩选择相应的植物，以取得和建筑色彩相协调的景观效果。

（六）大金路东侧沿街建筑立面色彩规划概念

图6-32呈现的是西客站片区大金路东侧沿街建筑立面色彩规划概念。根据西客站片区城市色彩概念定位和色彩控制级别的划分，本路段中一级控制区控制为冷灰色系，一级、二级控制区相对较暖，明度、彩度总体较低。

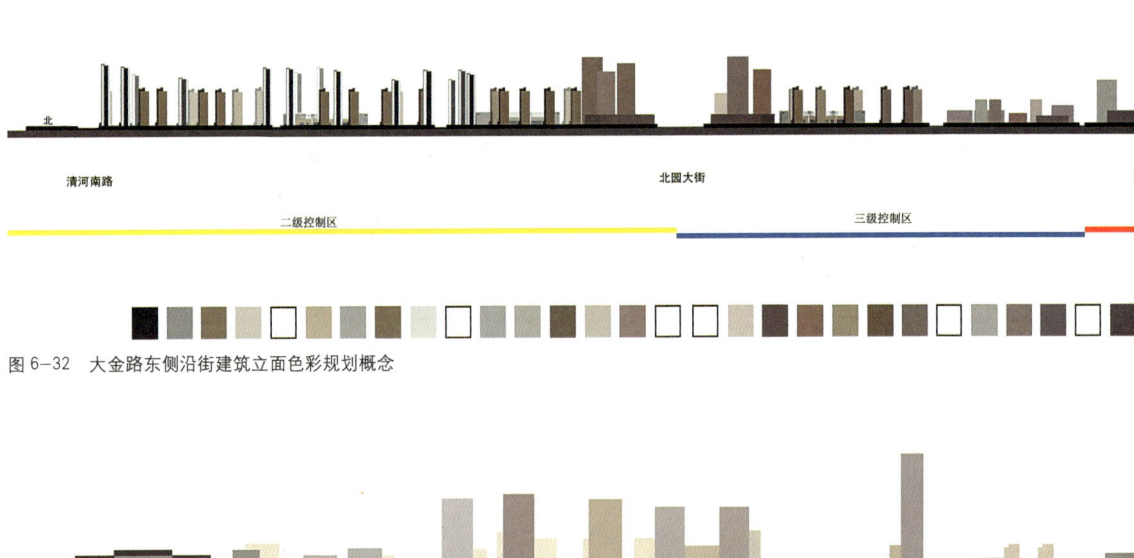

图6-32 大金路东侧沿街建筑立面色彩规划概念

图6-33 中央城市发展轴色彩规划概念

（七）中央城市发展轴色彩规划概念

图6-33呈现的是西客站片区中央城市发展轴立面色彩规划概念根据西客站片区城市色彩概念定位，本区域色彩大部分在一级控制区内，总体控制为冷灰色系，呈现出自西向东逐渐变暖、变亮的趋势。

五、色彩分级控制内容

（一）一级控制区色彩分析

1. 一级控制区（中心商务区）屋顶用色分析

一级控制区屋顶概念色谱是从概念总谱中提出的明度、彩度相对较低的色彩，以适应该区域科技、沉稳、现代的色彩表情。一级控制区屋顶用色谱系是在屋顶概念色谱的基础上细化、衍生而来的，从而得到更为细腻丰富的分级色彩谱系。一级控制区屋顶色彩以中性灰色系为主，总体色调控制为冷灰色，以少量黄灰色做点缀（图6-34）。

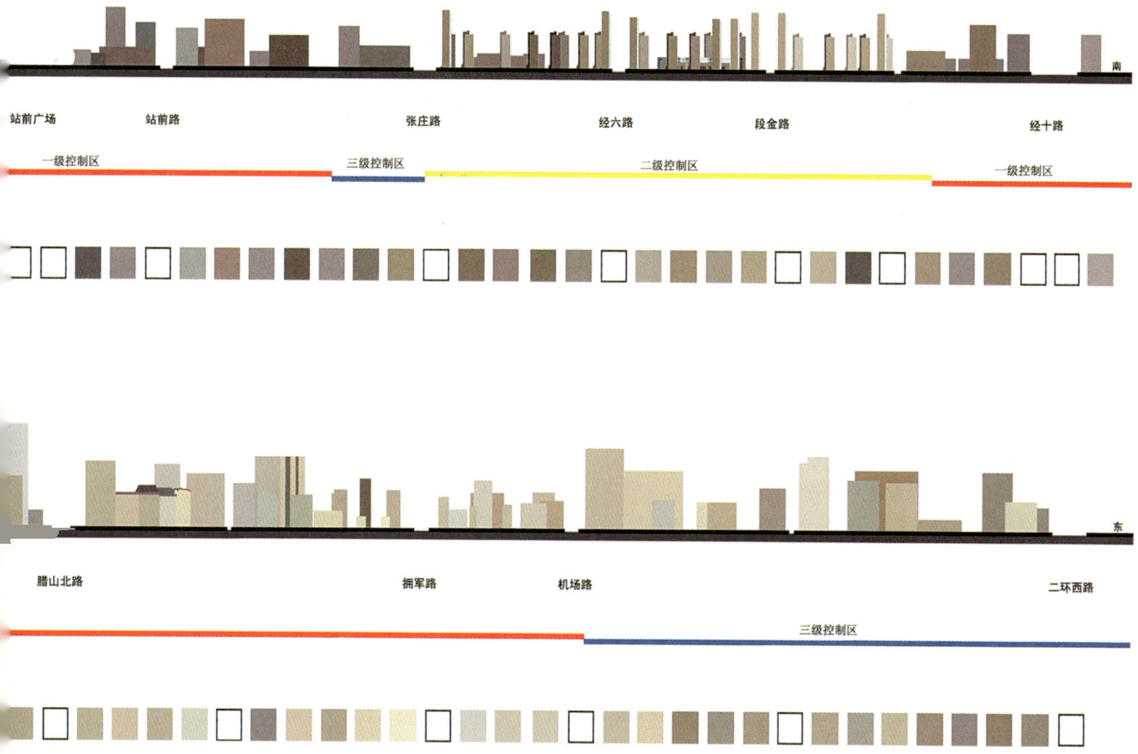

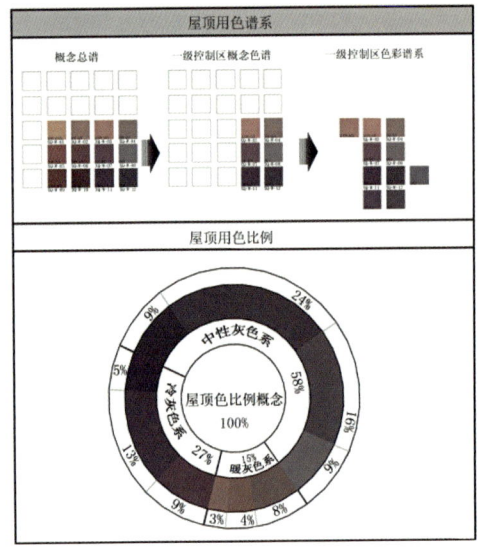

图 6-34 一级控制区屋顶用色分析

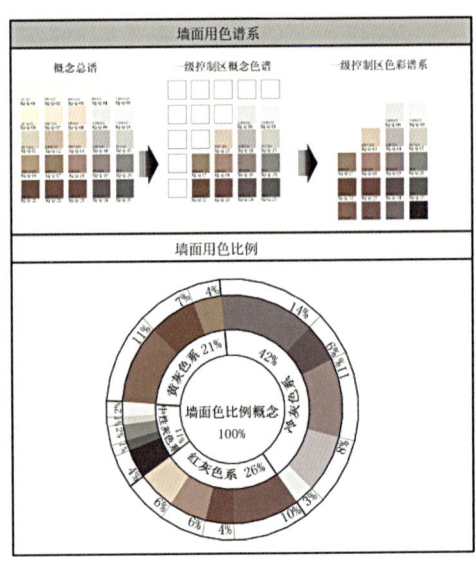

图 6-35 一级控制区墙面用色分析

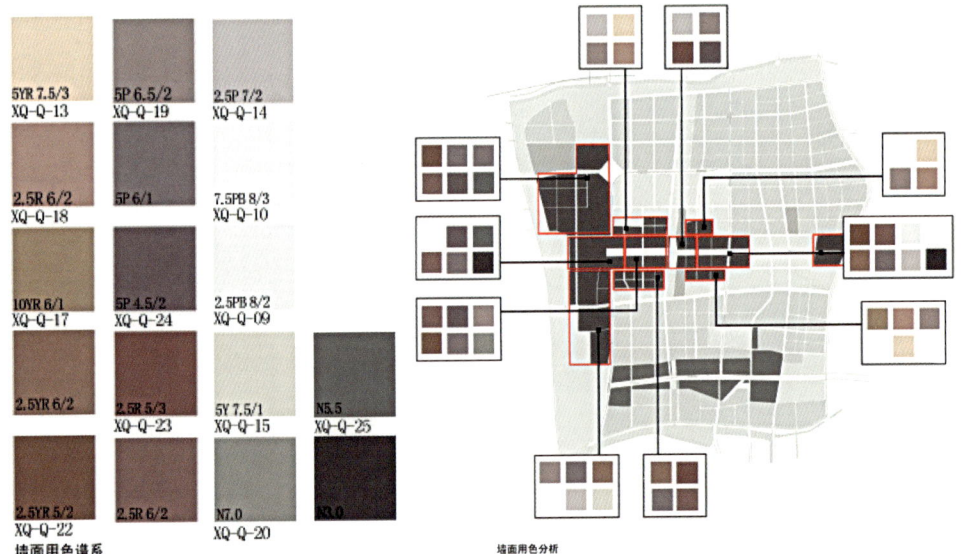

图 6-36 一级控制区墙面用色谱系

图 6-37 一级控制区墙面用色分析

2. 一级控制区(中心商务区)墙面用色分析

一级控制区墙面概念色谱是从概念总谱中提出的明度、彩度相对较低的色彩，以适应该区域科技、现代、沉稳的色彩表情。一级控制区墙面用色谱系是在墙面概念色谱的基础上细化、衍生而来的，从而得到更为细腻丰富的分级色彩谱系。一级控制区墙面色彩以冷灰色调为主，红灰色系、黄灰色系居于次要地位，中性灰色系比例较小（图6-35~图6-37）。

3. 一级控制区 (中心商务区) 点缀色分析

一级控制区点缀概念色谱是从概念总谱中提出的明度、彩度相对较高的色彩，以适应该区域科技、现代、沉稳的色彩表情。一级控制区点缀色以红色系、黄色系为主，中性灰色系、绿色系居于次要地位，蓝色系较少（图 6-38）。

(二) 二级控制区色彩分析

1. 二级控制区 (居住区) 屋顶用色分析

二级控制区屋顶概念色谱是从概念总谱中提出的相对一级控制区明度、彩度略高的色彩，以适应该区域愉悦、淡雅、舒缓的色彩表情。二级控制区屋顶用色谱系是在屋顶概念色谱的基础上细化、衍生而来的，从而得到更为细腻丰富的分级色彩谱系。二级控制区屋顶色彩以暖灰色系为主，相对一级控制区、三级控制区逐渐变暖、变亮（图 6-39）。

2. 二级控制区 (居住区) 墙面用色分析

二级控制区墙面概念色谱是从概念总谱中提出的适合该区域色彩表情的部分色彩。二级控制区墙面用色谱系是在墙面概念色谱的基础上细化、衍生而来的，从而得到更为细腻丰富的分级色彩谱系。二级控制区墙面色彩以黄灰色调为主，红灰色系、冷灰色系居于次要地位，中性灰色系比例较小（图 6-40~ 图 6-42）。

3. 二级控制区 (居住区) 点缀色分析

二级控制区点缀概念色谱是从概念总谱中提出的明度、彩度相对较高的色彩，以适应该区域愉悦、淡雅、舒缓的色彩表情。

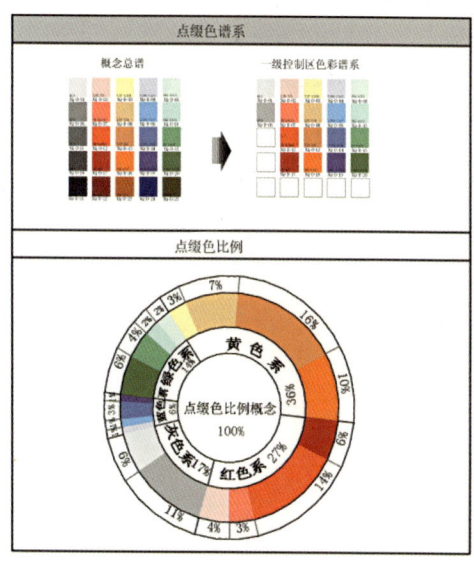

图 6-38　一级控制区点缀色分析

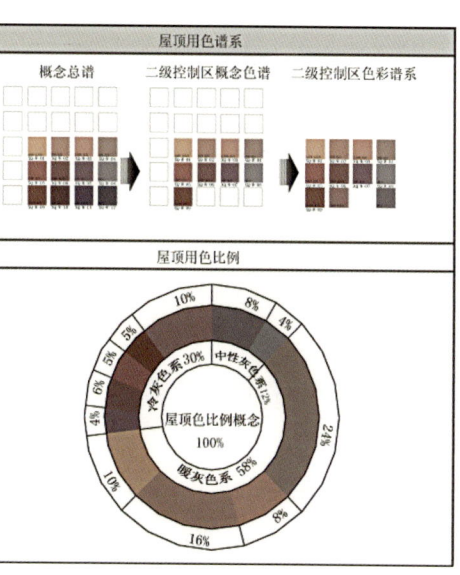

图 6-39　二级控制区屋顶用色分析

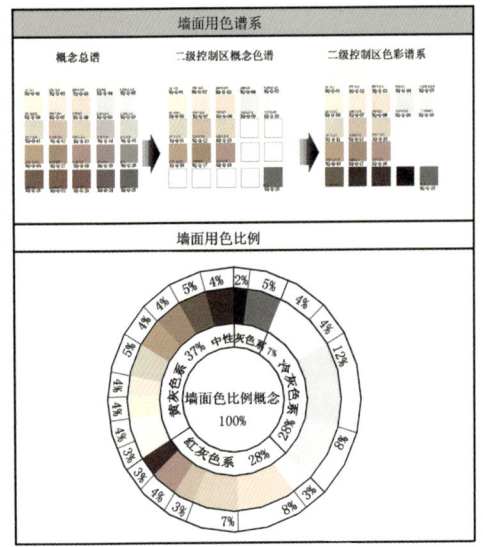

图 6-40 二级控制区墙面用色分析

图 6-41 二级控制区墙面用色谱系

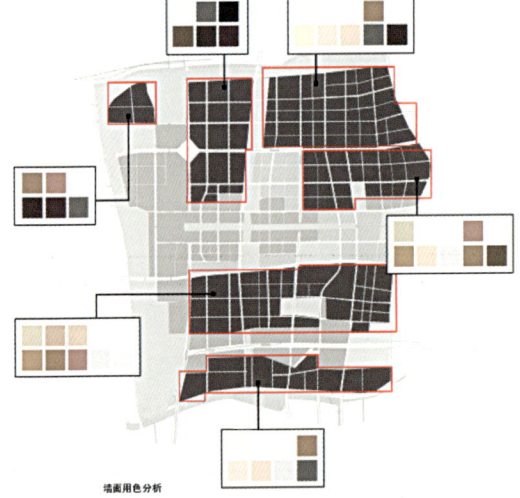

图 6-42 二级控制区墙面用色分析

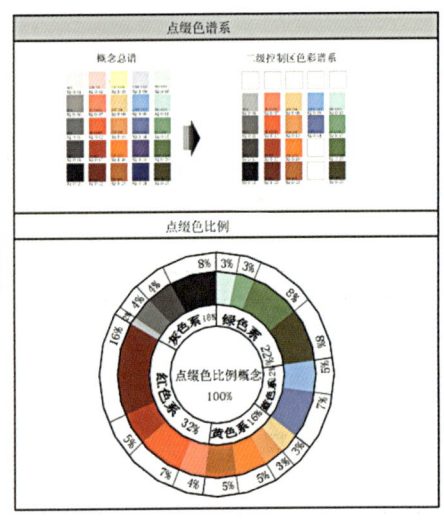

图 6-43 二级控制区点缀色谱系

二级控制区点缀色以红色系、绿色系为主，中性灰色系、黄色系居于次要地位，蓝色系较少（图 6-43）。

(三) 三级控制区色彩分析

1. 三级控制区 (商住混合区) 屋顶用色分析

三级控制区屋顶概念色谱是从概念总谱中提出的部分色彩，总体表现为暖灰色。三级控

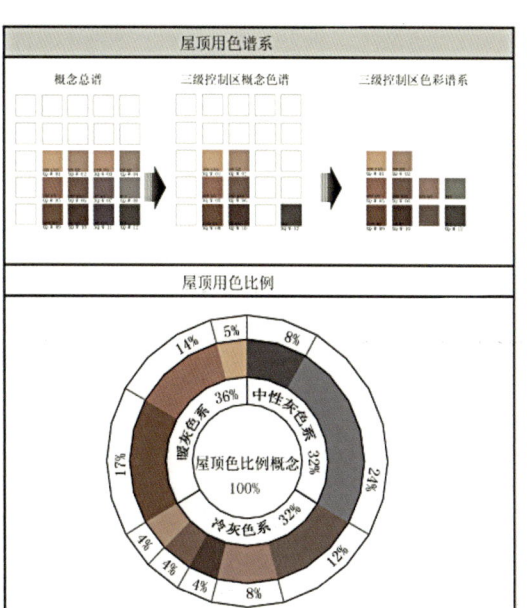
图 6-44 三级控制区屋顶用色

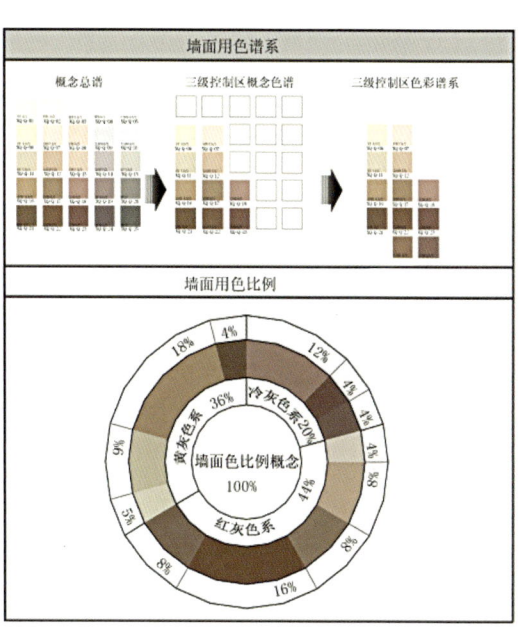
图 6-45 三级控制区墙面用色谱系

制区屋顶用色谱系是在屋顶概念色谱的基础上细化、衍生而来的,从而得到更为细腻丰富的分级色彩谱系。三级控制区屋顶色彩冷灰色系、中性灰色系比例相当,暖灰色用量略多,总体呈现为从色彩较冷、较暗的一级控制区向较暖、较亮的二级控制区过渡(图 6-44)。

2. 三级控制区(商住混合区)墙面用色分析

三级控制区墙面概念色谱是从概念总谱中提出的,本区域以红灰色、黄灰色系为主。三级控制区墙面用色谱系是在墙面概念色谱的基础上细化、衍生而来的,从而得到更为细腻丰富的分级色彩谱系。三级控制区墙面色彩以红灰色系为主,黄灰色系居于次要地位,冷灰色系比例较小。总体呈以站房为中心向东、向南北两侧逐渐变亮、变暖的趋势(图 6-45~ 图 6-47)。

3. 三级控制区(商住混合区)点缀色分析

三级控制区内大部分为商住混合用地。为了体现城市商业的繁荣氛围,我们将该区域的点缀色彩选择范围扩大,在该区域内,西客站片区城市色彩规划点缀色彩概念总谱中所有色彩均可使用,各点

图 6-46 三级控制区墙面用色谱系

缀色之间的比例也不作具体要求。具体实施时可在点缀色面积上加以控制。例如：店招、店牌，不干涉它的色彩选择，但要控制它的面积大小，从面积上控制整个区域的和谐（图6-48）。

图6-47　三级控制区墙面用色分析

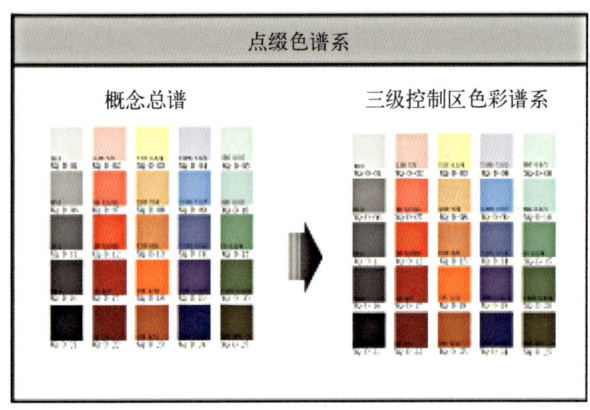

图6-48　三级控制区点缀色谱系

六、城市色彩管理与实施

（一）色彩视觉感受建议

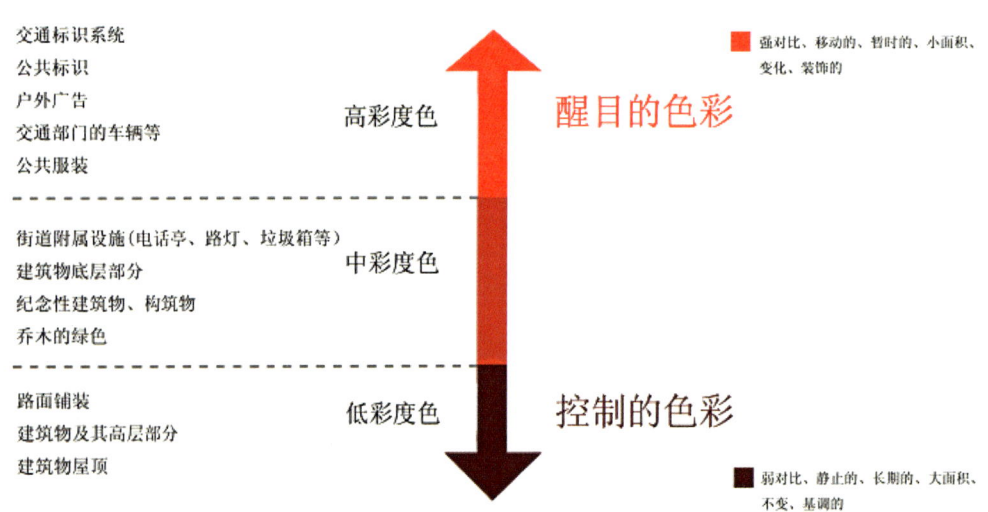

（二）城市色彩管理一般流程

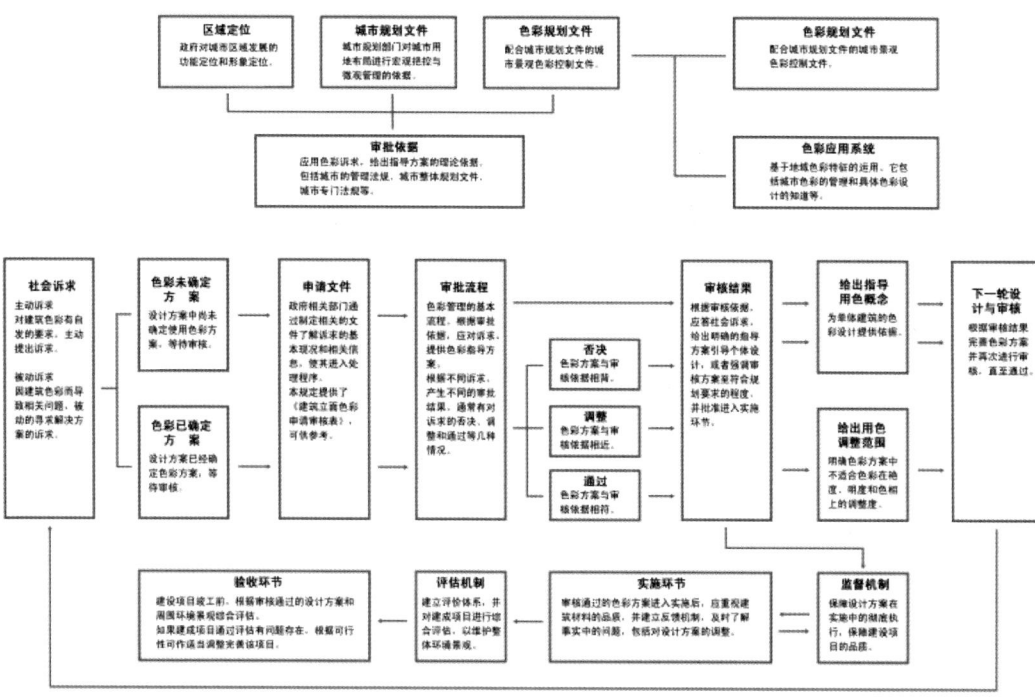

（三）色彩审核的基本步骤

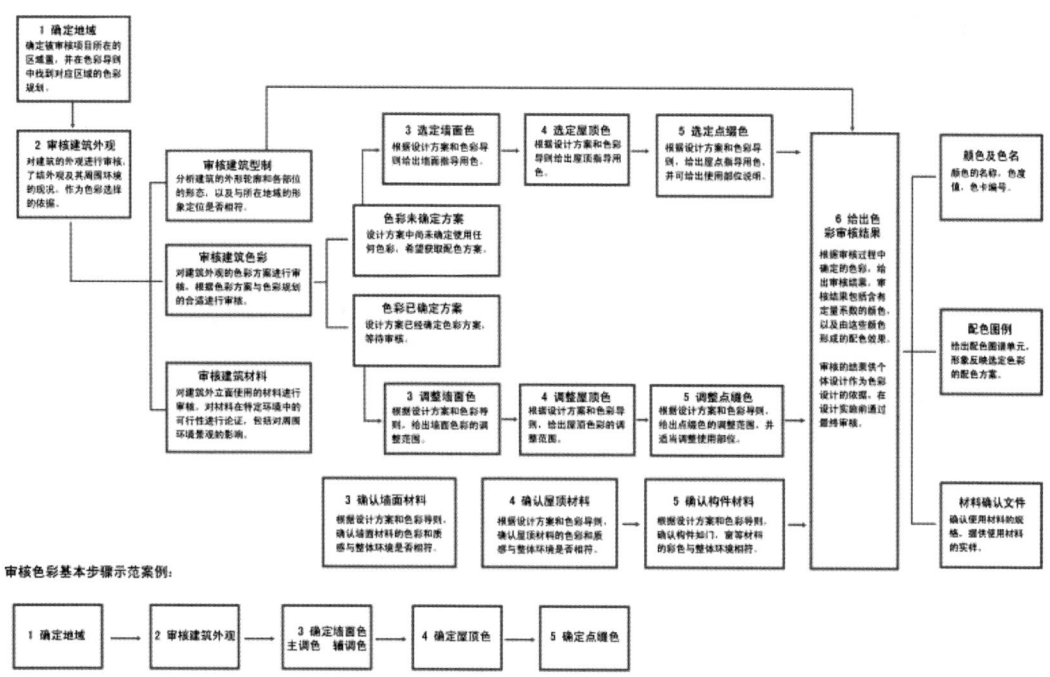

七、安置区建筑色彩设计实践

（一）安置区各地块色彩概念

一区1、4地块：
为创造视觉效果的整体性，本地块以灰色系为主，局部点缀咖啡色。

一区9地块：
主体色调为咖啡色，主要构成颜色：深咖啡、浅咖啡、米白。

二区2地块：
总体控制为中灰色系，以浅灰色为主，点缀深灰色，局部以砖红色点缀（济南老建筑砖瓦红）、米白。

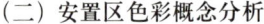

图6-49　安置区各地块色彩概念

（二）安置区色彩概念分析

安置一区墙面色彩概念分析

安置二区墙面色彩概念分析

图6-50　安置区色彩概念分析

（三）方案介绍

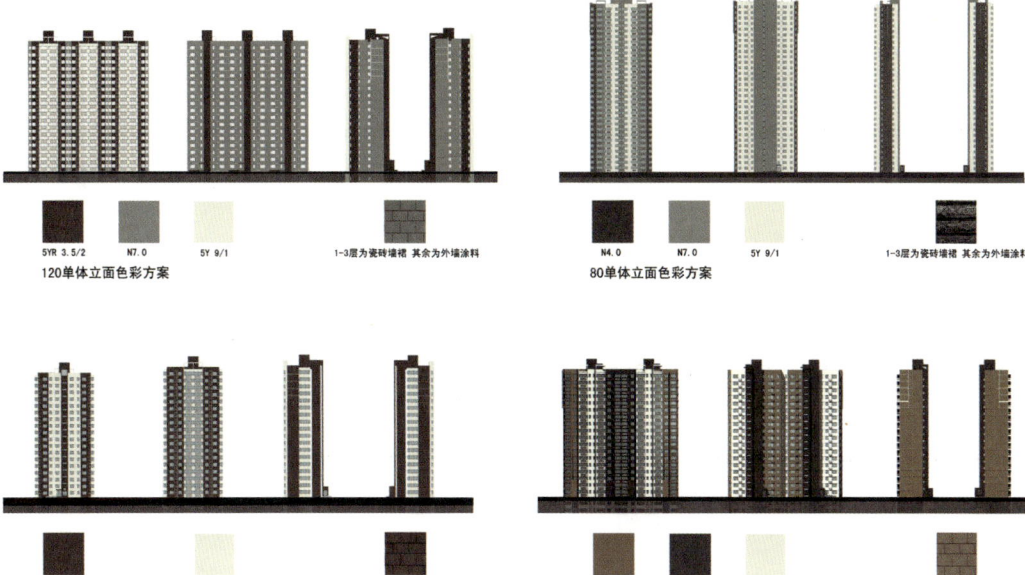

图 6-51 安置区一区 1、4 地块建筑色彩设计方案

一区 1、4 地块：
为创造视觉效果的整体性，本地块以灰色系为主，局部点缀咖啡色

图 6-52 安置区一区 1、4 地块建筑色彩设计效果图

泉城色彩
——塑造赏心悦目的城市

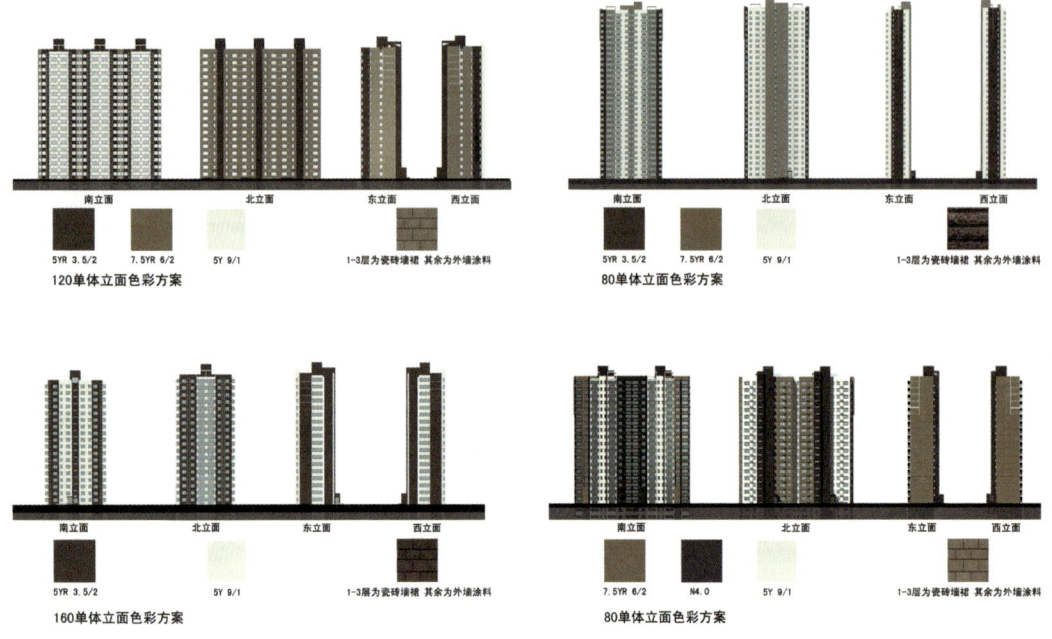

图 6-53　安置区一区 9 地块建筑色彩设计方案

一区 9 地块：
主体色调为咖啡色，主要构成颜色：深咖啡、浅咖啡、米白。

9 地块鸟瞰图

80 单体效果图

120 单体效果图

160 单体效果图　　60 单体效果图

图 6-54　安置区一区 9 地块建筑色彩设计效果

· 170 ·

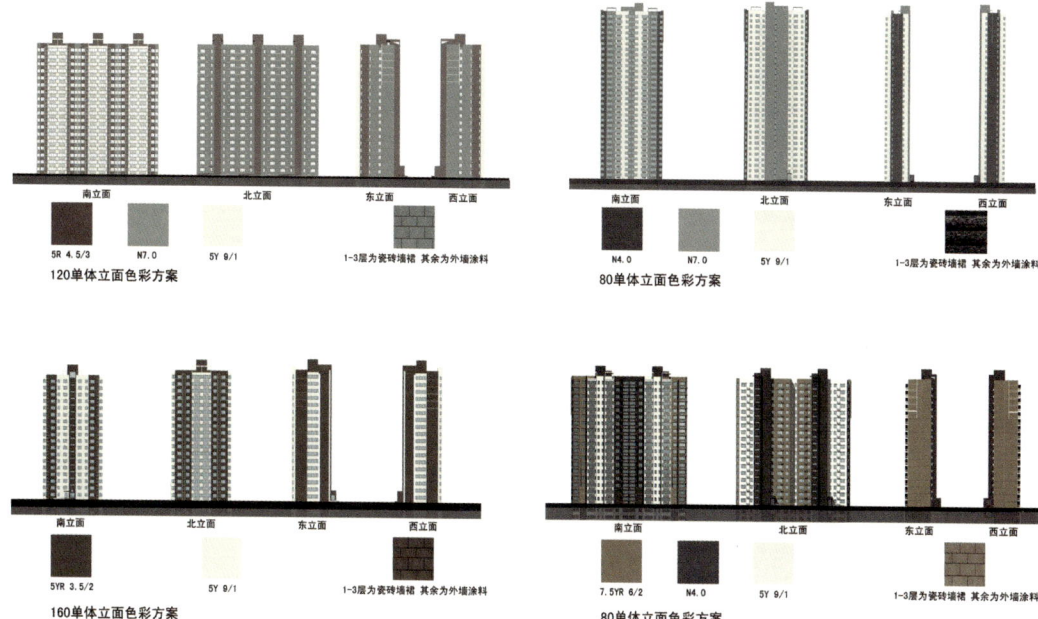

注：蒙赛尔色值根据《中国颜色体系标准样册》编写

图6-55 安置二区2地块建筑色彩设计方案

二区2地块：
总体控制为中灰色系。以浅灰色为主，点缀深灰色，局部以砖红色点缀（济南老建筑砖瓦红）、米白。

图6-56 安置二区2地块建筑色彩设计效果图

第三节 文博片区区域色彩设计案例

一、文博片区区域定位

(一) 区域位置

奥体文博中心位于济南市主城区东部,为燕山新区中心区域,是济南未来的城市副中心之一。文博片区西侧紧邻距旧城片区,东侧为高新区,南侧为自然风景区,北侧为城市工业区(图6-57)。

(二) 规划目标

与奥体中心、软件园等研发中心协同构筑济南东部副中心。成为山东省和济南市的高端服务中心,中介服务中心,专业培训中心,济南市高端消费商贸集聚区和金融保险业副中心;

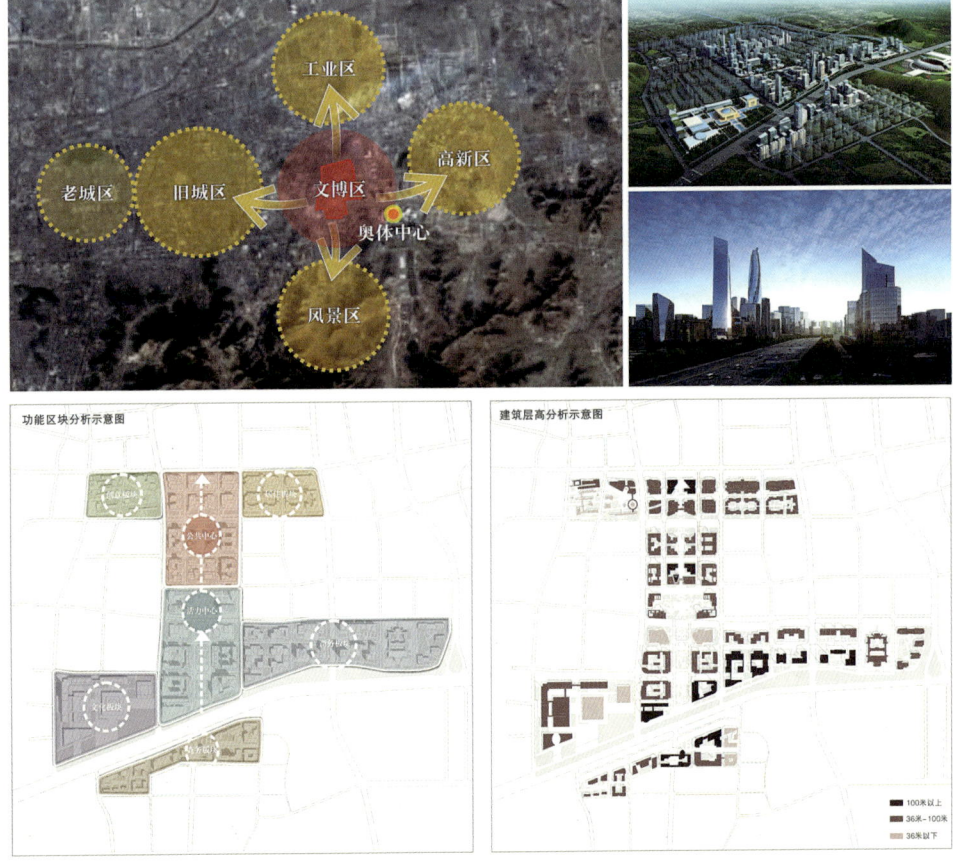

图6-57 文博片区区域定位分析图

形成济南文化产业中心之一，创业产业集聚中心，具有文化内涵的济南形象标志区及现代居住集聚区。

文博片区城市设计，将该区域划分为两个中心（公共中心、活动中心）和四个板块（创意板块、居住板块、文化板块、商务板块）。同时，在空间上形成了纵向和横向两条轴线。这些都为下一步的色彩规划方案演绎，提供了明确的基础。

二、文博片区区域概况

文博片区周边有三个主要区域：奥体中心、齐鲁软件园和国际会展中心。通过现况调研结果，文博片区的色彩与周边区域色彩呈现图6-60所示的宏观关系。通过对周边色彩现况的还原，总结周边区域的色彩特征，便能基本确定文博片区的色彩定位，作为进一步色彩设计的指导依据。

三、国际案例分析

法国拉德芳斯区域是世界上第一个城市综合体，于20世纪50年代开始建设开发，是高楼林立，集办公、商务、购物、生活和休闲于一身的现代化城区，也是世界上最具代表性集商业、

图6-58 现状照片

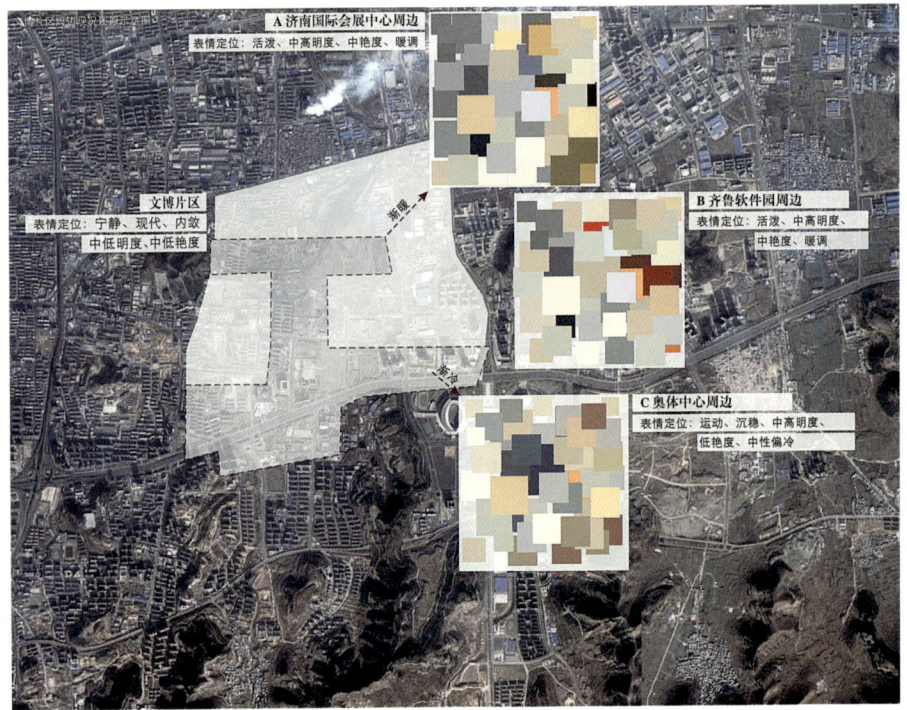

图 6-59 区域概况

图 6-60 国际案例分析

商务、休闲娱乐、居住等多种功能于一体的大型城市综合体（图6-61）。

此案例与文博片区功能定位接近。通过分析其色彩面貌可以看出，其城市色彩整体基调偏冷，色彩对比较强，玻璃的色彩占主导地位。在此基本色彩倾向下，进一步选取相对适合济南的色彩，作为规划的参考依据（图6-62）。

图6-61 墙面主色调提取

四、方案概念结构示意图

根据城市设计方案和色彩定位分析，将文博片区划分为若干色彩单元。色彩结构强调两条轴线走势。一条是由A、B、C、D四个区域构成的纵轴，色彩趋势中性偏冷，明度最低另一条是由K、A、B、J、H五个区构成的横轴，经由A、B构成的中心，左端偏暖，右端偏冷。其他区域都由此轴线展开，按照各自的定位来组织色彩，形成色彩分布的概念结构（图6-63）。

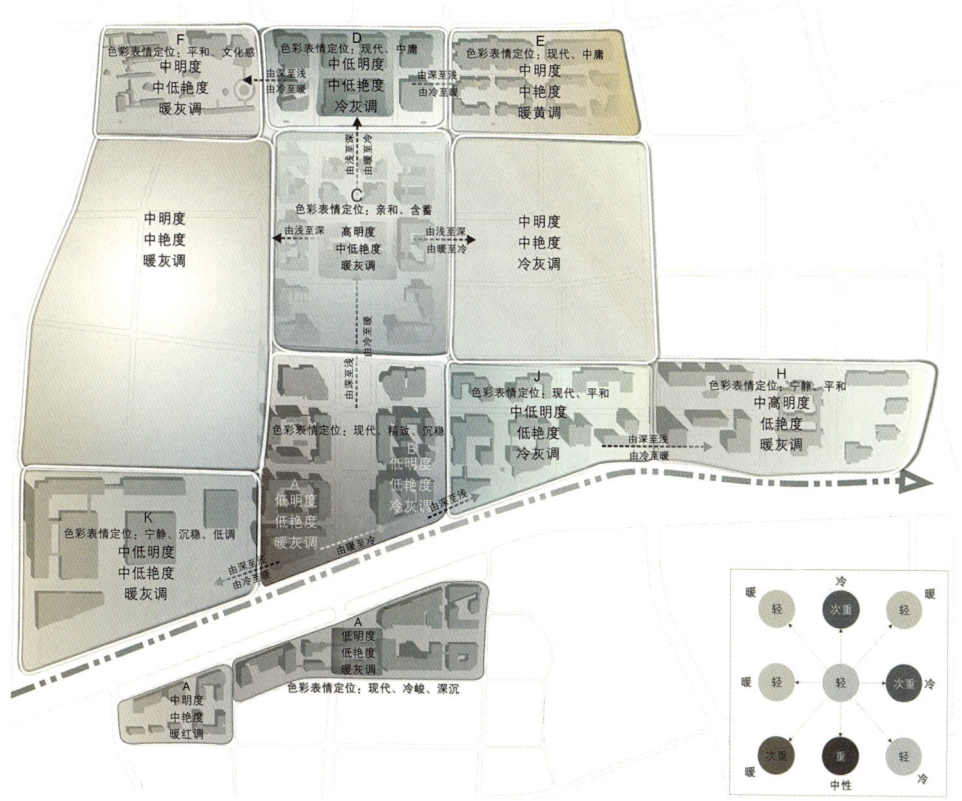

图6-62 方案概念结构示意图

五、平面色彩方案及效果图

屋顶方案

图6-63 屋顶平面色彩规划方案

方案

图 6-64 墙面平面色彩规划方案

泉城色彩
——塑造赏心悦目的城市

图6-65 文博片区色彩概念效果验证

图6-66 色彩效果对比

图 6-67　文博片区鸟瞰效果

图 6-68　文博片区立面效果

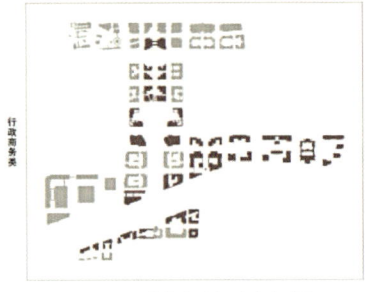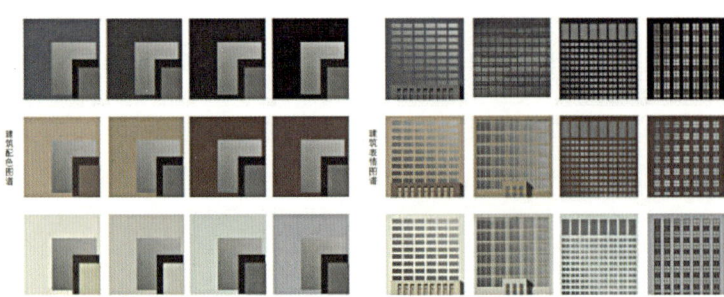

图 6-69　配色图谱指南（行政商务类）

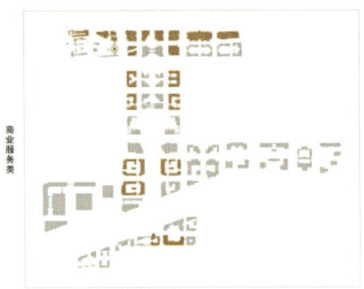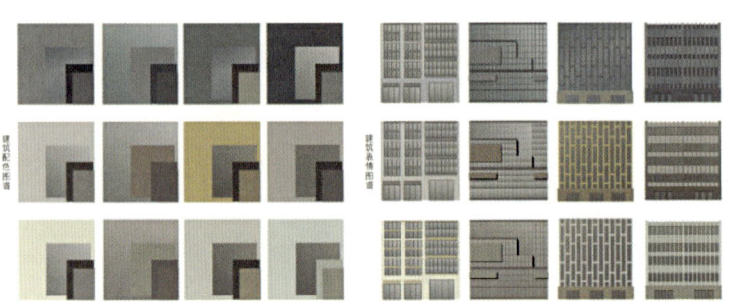

图 6-70　配色图谱指南（商业服务类）

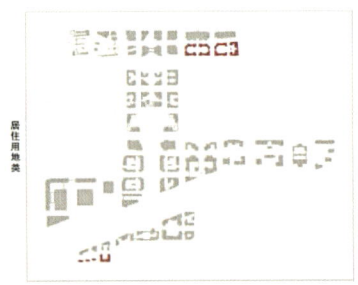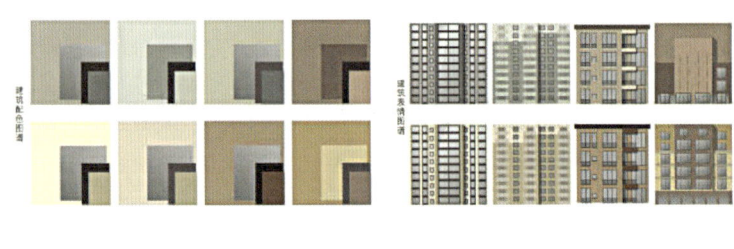

图 6-71　配色图谱指南（居住用地类）

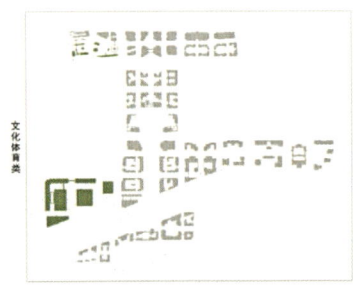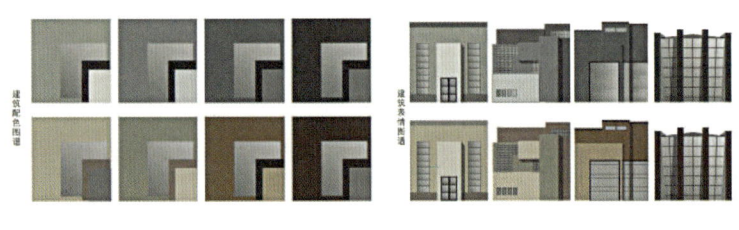

图 6-72　配色图谱指南（文化体育类）

第四节　滨河新区色彩设计案例

一、规划概述

　　滨河新区位于济南主城北部，小清河流域沿线，东至东绕城高速公路，西至济南西编组站，南至北园大街及工业北路，北至黄河南岸，南北宽约5公里，东西长约34公里，用地规模约158平方公里，规划区内小清河绵延长约28公里。发展战略规划中提出"都市新中心、泉城新水岸、北跨新基地"作为滨河新区的规划定位，突出小清河作为泉城文化和生态架构的主脉地位，打造文化之脉和生态之脊，推动滨河新区由价值洼地向服务高地的跨越，打造泉城服务之河和活力之轴。规划滨河新区形成"一心一轴四区多点"的城市空间发展结构（图6-74），构筑济南面向未来城市功能跨越与品质提升的战略性空间。"一心"是指滨河新区中心区；"一轴"是指小清河生态景观与经济发展轴，是联系滨河新区各功能区的纽带；"四区"包括清河源——美里湖片区、泺口片区、华山片区、空港——高铁新东站片区；"多点"是在小清河沿线形成

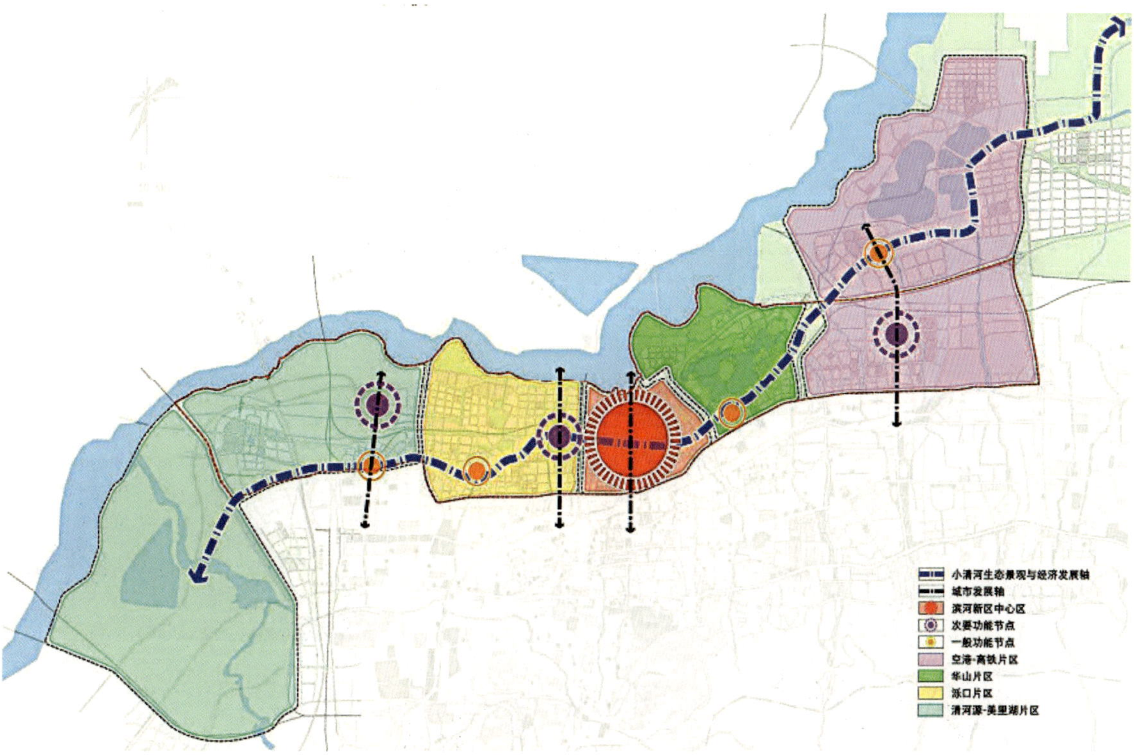

图6-73　滨河新区空间结构图

多个片区活力节点，通过赋予不同的发展主题，使其成为市民活动的多元化场所，重点彰显水文化特色，体现滨水都市风貌。

二、规划目标与色彩定位

滨河新区色彩设计以"湖光山色，淡妆浓彩"色彩规划定位为依据，服从沿线功能分区，新旧城区色彩相辅相成，体现滨河带的自然和文化特色，延续城市历史文脉，尊重地域文化，融合现代文明，体现滨河特色，营造整体和谐、多样统一的色彩形象。

滨河新区色彩总体定位是以北湖城市副中心为核心，以小清河为轴线，向东、向西色彩由暖灰色系逐渐变得偏冷色（图6-74）。即由核心区的低艳度、中明度的暖灰色逐渐向两翼的中艳度、中高明度偏冷灰色系转变。色彩主调定位为中艳度、中高明度暖灰色系。图6-75呈现的是滨河新区色彩分区表情定位。

三、主色调概念分析示意

在色彩总体规划研究中，对小清河滨河带的总体色彩定位为：中艳度、中高明度暖灰色系，城市色彩形象定位为"雅灰淡彩，淡雅明快"。本次对小清河滨河新区的色彩规划是在此基础上的深化和细化（图6-76）。根据滨河新区的总体规划，滨河新区及小清河沿线的中心区为商

图6-74　滨河新区色彩总体定位

图 6-75 色彩分区表情定位

图 6-76 建筑用色推荐

住办公为主的综合城区，总体色彩应控制在低艳度、中明度的暖灰色系。以滨河新区北湖城市副中心为核心，以小清河为轴线。向东、向西分别为华山片区、空港高铁片区、济泺商贸区、现代居住区及美里湖片区，功能定位分别由商住等人工要素转向绿色、生态等自然要素。据此，沿线的色彩相应的由暖色系逐渐向冷色系转变，即由核心区的低艳度、中明度的暖灰色向两翼的中艳度、中高明度冷灰色系转变，使沿线呈现与人工——自然相应的暖灰——冷灰的视觉变化。就两翼而言，西部的美里湖片区比东部的空港片区色彩稍暖（图6-77）。

四、色彩分级控制内容

根据对滨河新区城市色彩概念定位，色彩控制划分以下级别（图6-78）。

（1）景观控制区（一级控制区）

是滨河带特色的主要体现区，该区要严格控制建筑物的色彩，形成滨河的主要特色和视觉主导要素，整体统一。尤其对大型滨水、沿河较近的大体量建筑进行严格控制，必须考虑到沿河带的整体特色及绿化连续性等，追求视觉上的统一，禁止使用任何破坏色彩统一性的色彩。

（2）大型城市景观节点（重要路口、地标性建筑）

本区内的建筑属地标性特色建筑，在建筑的色彩、造型、材料上要进行严格把控，色彩能反映建筑的功能性质和特点，起到标志性作用。但要与环境相协调，必要时应用色彩进行

泉城色彩
——塑造赏心悦目的城市

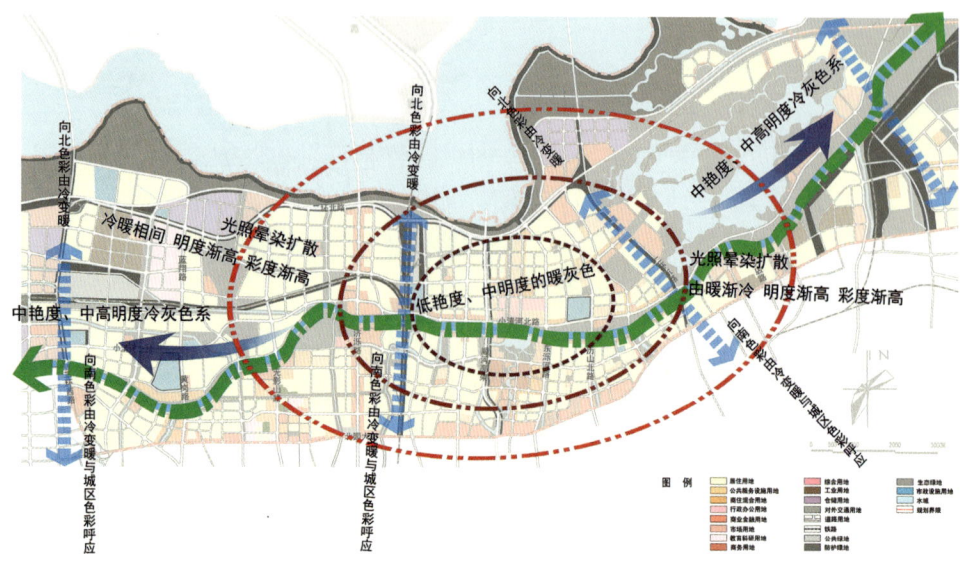

图 6-77 主色调概念分析示意图

图 6-78 分区控制图

滨河带发展轴色彩规划概念

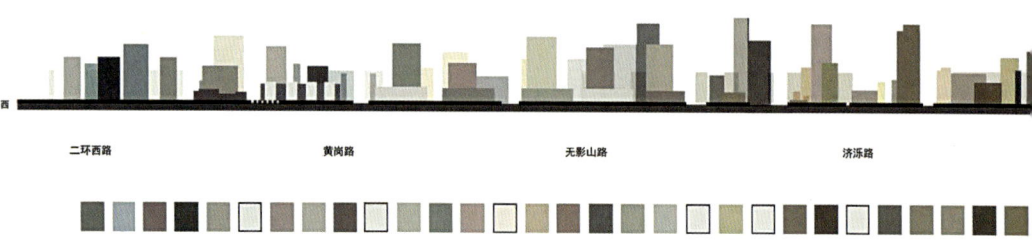

二环西路　　　　　黄岗路　　　　　无影山路　　　　　济泺路

对建筑形体强调或弱化。本地区的建筑色彩要与街道、环境相协调，不同的功能区要选合理的色调，但要注意色彩视觉上的连续性，有一定的衔接和过渡。

（3）整体控制区（二级控制区）

整体控制区是具有特定的建筑景观风貌优势和近期将加大发展力度的地区，要求新建、改建、扩建的建筑色彩色调必须与片区内的整体色调相协调。本区属于二级控制区，严格控制建筑立面及屋顶的色彩，应从推荐色中提取，色彩的搭配、材料等都应该严格要求。大面积的居住建筑应整体统一，大型公建可适当放宽，以增加标志性的目的。

（4）引导发展区（三级控制区）

引导发展区要求本区的建筑与整体相协调，求同存异，要注意建筑的体量、面积、形式、功能等各方面的因素，适当地放宽对色彩的控制要求，但需经过专业设计及审批。

（5）风貌协调区

风貌协调区是基本形成城市建筑风格特色的片区，本范围内的建筑色彩风格基本形成，标志性建筑色彩与环境协调。本区内的现状建筑色彩与该地区城市色彩相冲突的，需要对其进行色彩改造，已达到统一的目的。

五、建筑色彩立面概念示意

根据沿线的功能分区，总体色彩应控制在低艳度、中明度的暖灰色系。由核心区的低艳度、中明度的暖灰色逐渐向两翼的中艳度、中高明度偏冷灰色系转变，使沿线呈现人工（偏暖）、自然（偏冷）相对应的色彩变化（图6-79）。

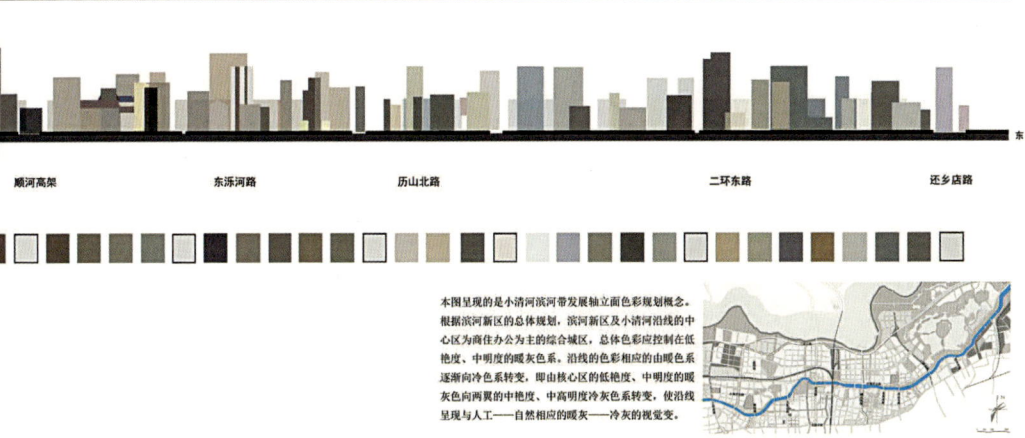

图6-79 建筑色彩立面概念示意

图片来源

[1] 图 1-1，图 1-2，图 1-3，图 1-4　来自：杭州市主城区建筑色彩专项规划公示稿
[2] 图 1-5，图 1-6，图 1-7，图 1-8，图 1-9　来自:《中国城市色彩在成长——中国城市色彩规划发展》，建筑与文化，2009.08
[3] 图 1-10，图 1-11，图 1-12，图 1-13　来自：http://www.ximancolorcity.com/ cityanli/anli-changsha.asp

注：本书未标明出处的图片来源于《济南市中心城色彩规划研究》、《西客站片区色彩专项规划》及《滨河新区色彩设计》等色彩规划研究。

参考文献

[1] 尹思瑾. 城市色彩景观设计 [M]. 南京：东南大学出版社, 2004.

[2] 宋建明. 色彩设计在法国 [M]. 上海：上海人民美术出版社, 1999.

[3] 崔唯. 城市环境色彩规划与设计 [M]. 北京：中国建筑工业出版社, 2006.

[4] 郭红雨, 蔡云楠. 城市色彩的规划策略与途径 [M]. 北京：中国建筑工业出版社, 2010.

[5] 苟爱萍. 从色彩到空间——街道色彩规划 [M]. 南京：东南大学出版社, 2010.

[6] 吉田慎悟. 环境色彩规划 [M]. 北京：中国建筑工业出版社, 2011.

[7] 吴伟. 城市风貌规划——城市色彩专项规划 [M]. 南京：东南大学出版社, 2009.

[8] 陈李波. 城市美学四题 [M]. 北京：中国电力出版社, 2009.

[9] 全国城市规划执业制度管理委员会. 城市规划相关知识（试用版）[M]. 北京：中国计划出版社, 2009.

[10] 姜澄清. 中国色彩论 [M]. 兰州：甘肃人民美术出版社, 2008.

[11] 余柏椿. 城市设计感性原则与方法 [M]. 北京：中国城市出版社, 1997.

[12] 济南市史志编纂委员会. 济南市志 (第一册)[M]. 北京：中华书局, 1997.

[13] 郭泳言编著. 城市色彩环境规划设计 [M]. 北京：中国建筑工业出版社. 2007.

[14] 张润武, 薛立. 图说济南老建筑近代卷 [M]. 济南：济南出版社, 2001.

[15] 王新文, 姜连忠编著. 意象泉城 - 济南泉城特色标志区规划研究 [M]. 北京：中国建筑工业出版社. 2010.

[16] 山曼. 济南城市民俗 [M]. 济南：济南出版社, 2002.

[17] 安玉坤, 秦若轼. 小清河历史概览 [M]. 济南：济南出版社, 2008.

[18] 中国城市色彩在成长——中国城市色彩规划发展 [J]. 建筑与文化, 2009(8):28-29.

[19] 张惠东, 试论城市色彩规划设计的原则 [J]. 科技情报开发与经济, 2006（3）:145-146.

[20] 刘奇志等, 武汉市城市设计体系的构建与应用 [J]. 城市规划学刊, 2010（2）:86-96.

[21] 曹伟, 为什么建筑无视环境？——麦克哈格的生态学思想探讨及其启示 [J]. 规划师, 2002（8）:59-62.

[22] 刘志峰, 周杨静. 以人为本视野中的景观设计研究 [J]. 安徽建筑, 2010,（7）: 6-7,9.

[23] 陈群元, 邓艳华. 长沙市城市色彩规划与管理的实践探索 [J]. 规划师, 2011, (1): 88-93.

[24] 张金, 孙玉海. 中国传统建筑色彩的文化特性 [J]. 中国建筑装饰装修, 2010, (7): 218-219.

[25] 张卫, 喻金焰. 佛教建筑与伊斯兰教建筑色彩初探[J]. 西安建筑科技大学学报(社会科学版).2009(1):218-219.54-58,65.

[26] 济南市规划设计研究院. 济南市城市总体规划(2006年—2020年)[R].2006.

[27] 中国城市规划设计研究院, 济南市规划设计研究院. 济南市城市空间发展战略[R].2003.

[28] 清华大学建筑学院, 济南市规划设计研究院. 济南市奥体文博中心城市设计[R].2007.

[29] 清华大学建筑学院, 济南市规划设计研究院. 济南商埠区保护规划研究[R].2006.

[30] 清华大学建筑学院, 济南市规划设计研究院. 泉城特色风貌带规划[R].2002.

[31] 法国AS建筑事务所, 山东同圆设计集团. 济南西客站片区核心区城市设计[R].2012.

[32] 北京清华城市规划设计研究院, 同济大学建筑与城市规划学院, 东南大学, 济南市园林设计研究院, 济南市规划设计研究院. 泉城特色标志区规划[R].2007.

[33] 中国城市规划设计研究院上海分院, 济南市规划设计研究院. 济南滨河新区城市发展战略及重点地区概念性规划[R].2010.

[34]《济南市城市总体规划(2006年—2020年)》

[35]《济南市城市空间发展战略研究》

[36]《济南市奥体文博中心城市设计》

[37]《济南商埠特色历史城区保护规划研究》

[38]《济南西客站片区核心区城市设计》

[39]《济南市芙蓉街-王府池子片区保护更新规划》

[40]《济南将军庙历史文化街区保护规划》

[41]《明湖路南侧及百花洲周边更新整治设计方案》

[42]《泉城特色标志区规划与更新整治方案》

[43]《小清河两侧开发带修建性详细规划》

[44]《规划美丽泉城》宣传片

[45]《泉城特色标志区》宣传片

后　记

"一年好景君须记,最是橙红橘绿时"。一座赏心悦目的城市,必然是一座色彩鲜明而和谐的城市。而到达这样的境地,要走的路还很长,济南的城市规划工作者正探索在这条道路上。王新文博士先后提出了"以人为本,赏心悦目"的规划理念、"五要素"的分析方法和"湖光山色,淡妆浓彩"的城市色彩关键词,并逐步确立了本书的基本思路和整体框架。

城市色彩规划研究还是一个新课题,济南城市色彩规划工作要感谢济南市规划系统和国内同行的不懈努力与探索。本书编著成稿凝聚了多位同志的心血,崔延涛同志在全书框架下,为编撰成稿作出积极贡献;张婷婷、杨继霞同志承担了基础性工作;山东建筑大学吕学昌教授提出了宝贵意见;中国美术学院色彩研究所及山东省工艺美术学院项目组贡献了大量资料和素材。同时,本书还参考了国内外学者的研究成果,从中吸收了许多富有启发性的思想和论据。中国建筑工业出版社的编辑们为本书排版编辑付出的辛勤劳动。在此一并致谢!

由于水平有限,书中可能存在诸多不足之处,恳请各位同行和广大读者斧正!

丛书编委会